中职中专特色课程规划教材

数字媒体技术

主　编　陈铁骑　石宪明

副主编　鲍春艳　王国强　张庆华

编　委　战佳楠　方东旭　王　静

　　　　陈　微　单春莉

U0395479

东北大学出版社

·沈阳·

ⓒ 陈铁骑　石宪明　2021

图书在版编目(CIP)数据

数字媒体技术 / 陈铁骑，石宪明主编. -- 沈阳：
东北大学出版社，2021.12
ISBN 978-7-5517-2852-2

Ⅰ. ①数… Ⅱ. ①陈… ②石… Ⅲ. ①数字技术—多
媒体技术—中等专业学校—教材 Ⅳ. ①TP37

中国版本图书馆CIP数据核字(2021)第263472号

出　版　者：东北大学出版社
　　　　　　地址：沈阳市和平区文化路三号巷11号
　　　　　　邮编：110819
　　　　　　电话：024-83680176（编辑部）　83687331（营销部）
　　　　　　传真：024-83683655（总编室）　83680180（营销部）
　　　　　　网址：http://www.neupress.com
　　　　　　E-mail:neuph@neupress.com
印　刷　者：辽宁新华印务有限公司
发　行　者：东北大学出版社
幅面尺寸：185 mm × 260 mm
印　　　张：18
字　　　数：394千字
出版时间：2021年12月第1版
印刷时间：2021年12月第1次印刷
策划编辑：牛连功
责任编辑：张庆琼
责任校对：周　朦
封面设计：潘正一
责任出版：唐敏志

ISBN 978-7-5517-2852-2　　　　　　　　　　　　　　定价：55.00元

前　言

随着网络及信息技术的发展，人类社会进入了新媒体时代，媒介形式越来越丰富，媒介融合和数字传输方面的人才需求量也越来越大。数字媒体已逐步替代传统媒体，成为人们获取信息和发布信息的有效手段，也成为人与人之间快捷交流沟通的利器。对数字媒体的认识与运用已经成为现代人不可或缺的基本生存技能。

数字媒体技术专业是一个结合了数字技术、媒体与艺术设计的多学科交叉专业。它注重创意，利用媒体技术，在游戏、移动互联网、互动娱乐、影视动画等领域展开研究和创作，重在培养能够熟练地应用现代计算机技术，从事数字媒体制作、图形图像处理、动画设计等高层次应用型专业技术人才。数字媒体学科包含美术、音乐等艺术基本元素，还包含出版、影视、网络等大众传播媒介，又运用到计算机和信息等工程技术。这些元素的合理搭配组合，构成了数字媒体的学科体系。

本教材围绕各类数字媒体的特征，配合各种应用场景展开教学，使学生认识数字媒体在信息社会中的重要价值，认识数字媒体的本质，掌握数字媒体的基本处理方法和集成多种数字媒体的技术，能理解不同数字媒体所表达的信息，并能将恰当的数字媒体形式应用于日常生活、学习和工作中。本教材可作为普通中职学校计算机基础课程教学用书。

本教材共6章。第1章从总体上认识各类媒体数字化的相关技术，探讨数字媒体的本质，并从发展的角度，探讨数字媒体领域的新技术带来的社会变化；第2章针对数字化声音媒体，从获取、处理、应用、发展等不同角度展开介绍，并提供了大量的实践范例；第3章围绕数字化图形和图像，从获取途径、处理技术角度展开介绍，并提供了大量的实践练习题，方便学生掌握；第4章围绕计算机动画特征，以理论实践的方法介绍计算机中二维动画的制作方法，对三维动画的基本制作过程也进行了简单介绍；第5章围绕数字化视频的基本原理，通过简单的视频处理体验，讲解数字视频的基本获取和处理方法；第6章围绕互联网、移动环境中各种数字媒体的集成和表达方法，引导学生灵活运用。

本教材由陈铁骑、石宪明任主编，鲍春艳、王国强、张庆华任副主编。第1章由方东旭、陈微编写，第2章和第3章由陈铁骑、石宪明编写，第4章由战佳楠、单春莉编写，第5章由张庆华、王静编写，第6章由王国强、单春莉编写。本教材在编写过程中，还得到了很多领导和专业教师的帮助，在此表示诚挚的感谢。

由于时间仓促和水平有限，本教材中难免存在不足之处，竭诚欢迎广大读者批评指正。

编　者

2021年6月

目　录

第 1 章

数字媒体技术概述

项目简介

当今社会，平板电脑（Pad）、手机已经十分普及，在公交车、地铁上，随处可以看到人们手持电子设备娱乐、学习。在家里，家人们一起看电视、争着选择电视频道的现象也越来越少了，长辈都可以轻松地观看手机或Pad上的视频。现在，通过联网的计算机、Pad或智能手机等各种智能终端设备，人们可以随时随地更自由地获取广播、电视这些传统的大众媒体中的信息。那么，在享受高科技带来的生活便利的同时，作为学生，你是否会好奇其背后的技术是如何发展的，将来又会有怎样的发展趋势呢？本章将围绕数字媒体技术及其发展趋势帮助大家找到答案。

项目分解

通过本章学习，要求达到以下目标。

（1）能说出什么是数字媒体，数字媒体有哪些类型，它们各自有哪些特点。

（2）能说出什么是ASCII字符文本，以及它们与汉字有什么区别。

（3）能说出什么是汉字处理系统，汉字编码包括哪些方面，汉字国标码、区位码与机内码的区别与联系，汉字输入码的特点，汉字字库的含义。

（4）能说出计算机中的图是如何通过数字化得到的，并能区分计算机中数字图形与数字图像在存储方面的区别。

（5）能说出计算机中的声音是如何通过数字化得到的，并能区分波形声音与合成声音在储存方面的区别。

（6）能说出计算机中动画和视频是怎样数字化的。

（7）能说出什么是数字水印技术，其意义何在。

（8）能说出为什么数字媒体数据需要压缩，有哪几类压缩方法，它们的特点各是什么。

（9）能说出数字媒体传输技术主要指什么，其关键技术是什么。

（10）能说出在计算机中能使数字媒体获取、存储、处理和输出的硬件设备有哪些，它们的技术指标有哪些，并说出这些指标的含义。

（11）能说出与数字媒体处理相关的软件有哪些，它们各起到什么作用。

（12）能说出数字媒体在互联网和移动互联网上有哪些方面的应用。

（13）能说出多媒体云计算是怎样一种技术，其存在的意义何在。

（14）能说出目前已有哪些人机交互技术，它们各自有哪些优缺点。

（15）能说出什么是3D打印，它的基本流程是什么，能运用简单的三维建模工具进行建模尝试。

（16）能说出什么是大数据分析和数据可视化，其意义何在。

（17）能说出人工智能技术能推动数字媒体哪些方面的发展与应用。

1.1 认识数字媒体

数字媒体（digital media）是指以二进制数的形式获取、记录、处理、传播信息的载体，这些载体包括数字化的文字、图形、图像、声音、视频影像和动画等感觉媒体，以及表示这些感觉媒体的编码，通称为逻辑媒体，也包含存储、传输、显示逻辑媒体的实物载体。

数字媒体技术是实现数字媒体的表示、记录、处理、存储、传输、显示、管理等各个环节的软硬件技术，一般分为数字媒体表示技术、数字媒体存储技术、数字媒体创建技术、数字媒体显示应用技术、数字媒体管理技术等。

数字媒体技术的发展以信息科学技术与现代艺术相结合为基础，是将信息传播技术应用到文化、艺术、商业、教育和管理领域的科学与艺术高度融合的综合交叉学科。数字媒体已经成为继语言、文字和电子技术之后的最新的信息载体。

1.1.1 数字媒体的分类

根据数字媒体的属性特点，可将它们分成不同的种类。

根据媒体展示时间属性的不同，数字媒体可分成静止媒体（still media）和连续媒体（continues media）。静止媒体也被称为非连续媒体，是指内容不会随着时间而变化的数字媒体，比如文本和图片。连续媒体是指内容会随着时间而变化的数字媒体，比如音频、动画和视频。

根据媒体来源的不同，数字媒体可分成自然媒体（natural media）和合成媒体（synthetic media）。自然媒体是客观世界存在的物质（如声音、景象等）经过专门的设备进行数字化和编码处理之后得到的内容，比如话筒采集的音频、数码相机拍摄的照片。合成媒体则指的是以计算机为工具，采用特定符号、语言或算法表示的，由计算机生成（合成）的文本、音乐、语音、图像和动画等，比如用3D制作软件制作出来的动画角色。

根据计算机应用的组成元素，可以将其包含的数字媒体分成单一媒体（single media）和多媒体（multi media）。顾名思义，单一媒体就是指单一信息载体组成的媒体；而多媒体（multimedia）则是指该软件应用中包含了多种信息载体的表现形式和传递方式。

我们平时所说的数字媒体一般是指多媒体，而多媒体技术也是当今应用很广泛的一门技术。

1.1.2 数字媒体的表示与存储

计算机中的信息以二进制形式进行存储，数字媒体也不例外，本部分分别对文本、图像与图形、声音、动画与视频的表示与存储方法进行阐述，并介绍数字媒体所特有的数字水印技术。

1. 文本

数字化的文本分为西文的半角字符文本和中文的全角字符文本，其内部虽然都是以二进制形式存储，但编码方式不同。

（1）ASCII码。

半角的西文字符，以ASCII码的形式存储，ASCII（American Standard Code for Information Interchange，美国信息交换标准代码）主要用于存储键盘上的英语、数字和各种控制符号，是现今最通用的单字节编码系统。它以一个字节的低7位存储编码，总共有128个编码，分别表示键盘上的各种控制符、标点符号、数字、大写字母与小写字母等。表1-1-1所示为ASCII码表。

表1-1-1 ASCII码表

L	H							
	0000	0001	0010	0011	0100	0101	0110	0111
0000	NUL	DLE	SP	0	@	P	`	P
0001	SOH	DC1	!	1	A	Q	a	q
0010	STX	DC2	"	2	B	R	b	r

表1-1-1（续）

L	H							
	0000	0001	0010	0011	0100	0101	0110	0111
0011	ETX	DC3	#	3	C	S	c	s
0100	EOT	DC4	$	4	D	T	d	t
0101	ENQ	NAK	%	5	E	U	e	u
0110	ACK	SYN	&	6	F	V	f	v
0111	BFL	ETB	'	7	G	W	g	w
1000	BS	CAN	)	8	H	X	h	x
1001	HT	EM	(	9	I	Y	i	y
1010	LF	SUB	*	:	J	Z	j	z
1011	VT	ESC	+	;	K	[	k	{
1100	FF	FS	/	<	L	\	l	|
1101	CR	GS	–	=	M	]	m	}
1110	SO	RS	.	>	N	^	n	~
1111	SI	US	/	?	O	_	o	DEL

在表1-1-1中，将H（代表高4位）与L（代表低4位）的编号组合之后，表示了对应交叉点上的字符的实际存储编码。从该表中可以看出，西文字符的大小关系实际由ASCII码的大小关系决定。00100000B（20H）是SP的编码，表示键盘上的空格键，除了最大的删除符（DEL）之外，其他控制符都小于SP，因此，存储在计算机中的各种西文字符具有"控制符＜标点符号＜阿拉伯数字＜大写字符＜小写字符"的规律。

通过键盘输入的字符，在计算机中被转换成该字符的ASCII码用于进一步的处理或输出。

（2）汉字编码。

汉字有15000多个，常用的汉字也有7200多个，根本无法使用1个字节全部表示出来，也无法通过直接按键盘上的按钮对应逐个输入，因此计算机等设备中需要完整的汉字处理系统，才能完成汉字的输入、存储、处理和输出。

汉字的输入可以通过汉字扫描识别（OCR：optical character recognition，光学字符识别）、键盘输入和语音识别输入三种途径，输入之后，转换为汉字机内编码进行存储与处理，完成后再转换为字型码进行打印或显示输出，也可以通过语音合成输出，如图1-1-1所示。

| 汉字的输入 | 汉字的储存 | 汉字的输出 |

图1-1-1 汉字处理系统

无论使用哪种方法，计算机中汉字的表示最终也是用二进制编码。根据应用目的的不同，可将汉字编码分为外码、交换码、机内码和字形码。

外码即输入码，是用来将汉字输入计算机中的一组键盘符号。常用的输入码有拼音码、五笔字型码、自然码、表形码、认知码、区位码和电报码等，一种好的编码应有编码规则简单、易学好记、操作方便、重码率低、输入速度快等优点，每个人可根据自己的需要进行选择。

为了使各种计算机设备中的软件都能识别和理解汉字，国家标准总局1981年制定了中华人民共和国国家标准《信息交换用汉字编码字符集——基本集》（GB 2312—1980），即国标码。国标码的出现方便了各种软件理解汉字，并进行汉字信息交换，因此国标码也被称为交换码。

汉字数量众多，区位码表将GB 2312—1980中的汉字、图形符号以一个"94区×94位"方阵的形式罗列出来，以便汉字的查找和使用，如表1-1-2所示。

表1-1-2 汉字区位码表

位 区01	01 ……	…… ……	19 ……	20	21	22	23	…… ……	94 ……
……	……	……	……					……	
16	啊		吧	笆	八	疤	巴	……	剥
17	薄	……	鄙	笔	彼	碧	蓖		炳
……					……				
40	取	……	瘸	却	鹊	榷	确	……	参
……					……				
94					……				

其中"区"的序号是从01至94，"位"的序号也是从01至94。94个区中位置总数=94×94=8836个，其中7445个汉字和图形字符中的每1个占1个位置后，还剩下1391个空位，这1391个位置空下来保留备用。从汉字区位码表中的数量来看，区和位各需要1个字节的低7位，即总共2个字节的低7位组合，可以表示出全部的常用汉字。因此，

汉字在计算机等设备中的存储是2个字节的。

为了避免与ASCII码中特殊控制符的冲突，国标码的2个字节是将区位码对应的2个字节分别加20H后得到的，即国标码=区位码+2020H。而在实际的汉字编码系统中，为了避免与ASCII的冲突（ASCII字节的最高位都是0），将国标码的2个字节又加了80H后（即字节的最高位设置位1），才转换为实际存储的机内码，即汉字机内码=国标码+8080H=区位码+A0A0H。

（3）将存储的文本输出。

无论是汉字还是西文字符，在显示器或打印机上输出，使用的都是字形码，即以图形方式进行输出。无论文字的笔画多少，每个汉字都可以显示在同样大小的方块中，而西文字符则显示在汉字方块二分之一宽度的矩形中，这也是中文字符（汉字及中文标点符号）被称为全角字符、西文字符被称为半角字符的原因。

汉字显示时方块点阵数通常包含8×8，16×16，24×24，32×32等，图1-1-2所示为一个16×16点阵的汉字及其实际点阵的存储形式。从图1-1-2中可以看出，点阵数越高，文字的笔画越可以显示出更多细节，但所占的存储空间会越大。机内码对应的每个汉字都需要显示输出，都会有对应的编码，组合在一起被称为字库，如果将显示输出的汉字分为不同的字体，则字库就可以分为不同字体，如宋体、楷体、黑体等。

在汉字信息系统中，为了方便获取某个汉字的字形，字库中的每个汉字字形都对应着逻辑地址，被称为地址码。

00000000B	(00H)	01000000B	(04H)
00001110B	(0EH)	01011000B	(58H)
01111000B	(78H)	01000100B	(44H)
00001000B	(08H)	01000000B	(40H)
00001000B	(08H)	01000010B	(42H)
11111111B	(FFH)	11111111B	(FFH)
00001000B	(08H)	01000000B	(40H)
00001000B	(08H)	01000110B	(44H)
00001010B	(0AH)	01000110B	(46H)
00011100B	(1CH)	01000100B	(44H)
01101000B	(68H)	01001000B	(48H)
10001000B	(88H)	01101000B	(68H)
00001000B	(08H)	00110000B	(30H)
00001000B	(08H)	00101001B	(29H)
00101001B	(29H)	11000101B	(C5H)
00011010B	(1AH)	00000010B	(02H)

图1-1-2 16×16点阵的汉字举例

除了使用显示器或打印机进行文字输出之外，通过语音合成技术，还可以将文本内码转换成语音进行输出。

2. 图像与图形

图的数字化又分为图像数字化和图形数字化两大类，它们在计算机等设备中的存储方式是不同的。

（1）图像。

图像也称为位图图像（bitmap），是由被称作像素（图片元素）的单个点组成的。这些点可以进行不同的排列和着色以构成图样。当放大位图时，可以看见构成整个图像的无数单个方块。扩大位图尺寸的效果是增大单个像素，从而使线条和形状显得参差不齐，因此，图像放大到一定程度后看起来会模糊，如图1-1-3所示。

图1-1-3 位图图像及局部放大

位图图像的每个像素由若干位二进制进行存储，二进制位数的多少决定了其能表现的颜色数量的多少，如每个像素1位。

二进制能表示黑白二色位图，8位二进制则可以表示256色灰度或彩色图像，如图1-1-4所示为一幅同样大小（像素数量相同）位图图像，每个像素的二进制位数不同所保存结果的效果对比，该图像的色彩数量与所占存储空间大小的对比如表1-1-3所示。

（a）单色位图 　（b）16色位图 　（c）256色位图 　（d）真彩色位图

表1-1-4 同样像素数量、不同二进制位数储存的图像效果对比

表1-1-3 位图储存空间与色彩数量的对比

图像名称	每像素二进制数	能表现的色彩数	文件所占存储空间
（a）单色位图	1位	$2^1 = 2$种	77 KB
（b）16色位图	4位	$2^4 = 16$种	302 KB
（c）256色位图	8位	$2^8 = 256$种	602 KB
（d）真彩色位图	24位	$2^{24} = 16777216$种	1796 KB

对于一幅a像素×b像素，每像素c位二进制的图像，在没有压缩时，理论上说，其所占存储空间（size）可以通过以下公式计算得到

$$size(B) = a \times b \times c \div 8$$

例如：一幅1024×768大小的真彩色图像，其所占存储空间为

$$size = 1024 \times 768 \times 24 \div 8 = 2304 \text{ KB}$$

（2）图形。

图形也被称为矢量图，是指由计算机绘制的直线、圆、矩形、曲线、图表等。

图形用一组指令集合来描述内容，如描述构成该图的各种图元位置、形状等。描述对象可任意缩放不会失真。在显示方面，图形使用专门软件将描述图形的指令转换成屏幕上的形状和颜色。它适用于描述轮廓不是很复杂，色彩不是很丰富的对象，如几何图形、工程图纸、CAD图形、3D造型等。图1-1-5所示为软件绘制的矢量图。

图1-1-5　软件绘制的矢量图

3. 声音

计算机或电子设备中的声音来源于两种渠道：一种是由麦克风录制的模拟声音通过数字化得到的波形声音；另一种是利用合成设备合成的电子音频，如合成语音或合成音乐。

（1）波形音频。

在空气中传播的声音经麦克风转换成模拟声音电信号，形成一种连续波形。这种波形通过计算机声卡设备，采样、量化和编码，成为数字化的音频信号，这就是常说的数字音频。图1-1-6所示为模拟声音波形采样过程，可以发现，采样频率越高，单位时间内采样得到的波形声音节点就越多。还原时，这些采样点相连后的波形状与原始波形越接近。如果采样频率过低，则声音还原后会有比较大的失真。

图1-1-6　模拟音频采样过程示意图

由于存储空间有限，采样得到的离散音频数据需经过量化后，才能进行编码保存。图1-1-7为量化过程示意图，从图中可以看到，量化时，可以通过不同的策略将不规范的数据规范化，而量化阶的划分则取决于每个采样点数据能够占据的二进制位数。例如：如果采用一个字节作为每个采样点数据的存储空间，量化阶为256。可以看出，量化阶越大，量化时数据的精度会越高，但需要占据的存储空间也会越大。图1-1-8所示为采样后的数据经16位量化后编码的示意图。

（a）"只舍不入"方式——斜线部分全舍去 （b）"四舍五入"方式——斜线部分
舍去，横线部分近一个量化电平

图1-1-7 量化过程示意图

7.3	7	0111	
14.9	15	1111	
9.2	9	1001	
2.8	3	0011	
4.0	4	0100	

量化和编码

图1-1-8 采样、量化和编码示意图

　　量化之后得到规范化的声音数据可以转换成二进制编码存储在计算机中。计算机中存储的音频经处理，还原为模拟音频后，再通过扬声器或耳机播放出来。图1-1-9所示为原始模拟音频与采样量化后音频还原波形的对比，量化位数为4位。

图1-1-9 原始模拟音频与采样量化后音频还原波形的对比

（2）合成声音。

使用计算机可以合成的声音分为语音和音乐两大类。

①语音合成。

语音合成又称文语转换（text to speech）技术，是通过电子计算机或类似专门装置，将文字信息实时转化为标准流畅的语音朗读出来，相当于给机器装上了人工嘴巴。它涉及声学、语言学、数字信号处理、计算机科学等多个学科技术，是中文信息处理领域的一项前沿技术，与传统的声音回放系统有着本质的区别，能在任何时候将任意文本转换成具有高自然度的语音，从而真正实现让机器"像人一样开口说话"。

对语音合成的研究已有两百多年历史，早期的研究方向之一是模拟人的发声器官和发声方式，采用参数合成方法，企图通过精确调整参数，使合成器合成出逼真的语音效果，但无法达到能够实际使用的效果。

另一研究方向是采用波形拼接的方法进行语音合成，即通过大量采集语音并存入语音库中，使用时进行相应的选取和拼接。这种方法受语音库存储空间的限制，早期无法达到实际预期效果，随着计算机技术的发展，近年来有了比较快的发展。但作为一种有调语言，汉语的韵律特征非常复杂。对于同样一个音节，在不同的环境下出现，汉语拼音的韵律参数都是各不相同的。这就需要用有限的存储单元存储汉语的基本语音单元，进而从有限的存储单元中合成出无限词汇，组成连续汉语语句，使发音具有自然表现力。还需要通过对韵律规则的研究，利用语音合成器，对音库单元的韵律参数进行调整，以得到符合当前语言环境的语音库单元。

图1-1-10所示为在计算机中将文本进行语音合成的过程。中文语音合成系统实现时，除清晰度、能懂度和自然度外，还要求合成算法具有较低的运算复杂度和尽量小的语音库，以减少对有限存储空间的占用程度。

图1-1-10　将文本进行语音合成的过程

②数字合成音乐。

数字合成音乐的产生取决于音乐合成器（musical synthesizer），这是一种用来产生并修改正弦波形并叠加，然后通过声音产生器和扬声器发出特定的声音的设备。

通过音乐合成器产生数字合成音乐的途径有两种：FM合成法和采样回放合成法。

数字FM合成法是20世纪70年代由斯坦福大学的研究团队所开发的。其原理是：通过振荡器产生基本的波形声音，然后采用频率调制的方法，通过一些波形（调制信号）改变载波频率的相位实现。从其原理来看，它可以模拟任何声音信号。

采样回放合成法的原理是首先从一种乐器中取下一个或多个周期的波形作为基础，然后确定该周期的起点和终点，对该采样波形的振幅进行处理和测试，以满足声音回放的要求。

进行数字音乐合成时，调整波形振幅，以模拟自然乐器自然演奏时的效果，对波形进行滤波等再处理，然后把波形和相应的合成系数写入电子合成器的ROM存储器中。由于这些波形及合成系数是以波形表形式存储在合成器的ROM中，所以采样合成器又称为波表合成器。图1-1-11所示为波表合成器工作原理。

图1-1-11 波表合成器工作原理

采样回放合成器仍然保留了FM合成法中的一些调制方法，这样的话，使用者便不仅仅可以进行回放，而且还可以进行创造。

在计算机中，电子音乐被称为MIDI音乐，"MIDI"是英文musical instrument digital interface（乐器的数字化接口）的缩写，是一种数字乐器接口标准，也是电子音乐编码标准。符合该标准的电子乐器设备可以通过计算机声卡上的MIDI标准接口（如图1-1-12所示）与计算机设备相连接。

图1-1-12 MIDI标准接口

MIDI是编曲界最广泛的音乐标准格式，可称为"计算机能理解的乐谱"。它用音符的数字控制信号来记录音乐。一首完整的MIDI音乐只有几十KB大，而能包含数十条音乐轨道。几乎所有的现代音乐都是用MIDI加上音色库来制作合成的。MIDI存储和传输的不是波形声音，而是音符、控制参数等指令，它指示MIDI音乐合成设备要做什么、怎么做，如演奏哪个音符、多大音量等。它们被统一表示成MIDI消息（MIDI message）。

4. 动画与视频

与音频相似，动画与视频都是与时间相关的数字媒体。它们利用了人眼的视觉暂留特征：每当一幅图像从眼前消失的时候，留在视网膜上的图像并不会立即消失，还会延迟1/16～1/12 s。在这段时间内，如果下一幅图像又出现了，眼睛里就会产生上一画面与下一画面之间的过渡效果从而形成连续的画面。电影、电视和动画都是利用这一原理制作的。

（1）数字视频。

通过摄像机之类的视频捕捉设备，将外界影像的颜色和亮度信息转变为电信号，再记录到储存介质中，被称为数字视频。

数字视频是以数字形式记录的视频。它可以通过数字摄像机拍摄获取，也可以通过模拟视频信号经模拟/数字（A/D）转换采集获得。数字视频可以以不同的格式进行存储，在计算机中，使用特定的播放器可以进行播放。

模拟视频的数字化涉及不少技术问题，如电视信号具有不同的制式而且采用复合的YUV（Y代表亮度，UV代表色差）信号方式，而计算机工作在RGB空间；电视机是隔行扫描，计算机显示器大多逐行扫描；电视图像的分辨率与显示器的分辨率也不尽相同；等等。因此，模拟视频的数字化主要包括色彩空间的转换、光栅扫描的转换及分辨率的统一。

模拟视频一般采用分量数字化方式，先把复合视频信号中的亮度和色度分离，得到YUV或YIQ分量，然后用三个模/数转换器对三个分量分别进行数字化，最后再转换成RGB空间。

（2）动画。

与数字视频通过摄像机拍摄或通过采集模拟视频转换成数字视频的方式不同，动画可以使用计算机软件制作得到。根据画面的视觉效果，计算机动画可以分为在二维空间中显示二维画面的二维动画，在二维空间中显示三维效果的三维动画，还可以通过计算机软件将动画制作成能与操作者交互的形式。三维交互式动画与头盔显示器及手持交互设备相结合，则可以制作虚拟现实交互式动画。

5. 数字水印技术

由于互联网的普及，数字媒体的获取除了通过外部设备模数转换的方式获取以外，利用网络途径使得它们可以更广泛地传播。为了保护数字媒体的版权，数字水印技术应运而生。

数字水印（digital watermarking）技术是将一些标识信息（即数字水印）直接嵌入数字载体中（包括数字媒体、文档、软件等），且不影响原载体的使用价值，也不容易被探知，但可以被生产方识别和辨认。通过这些隐藏在载体中的信息，可以达到确认内容创建者、购买者和传送隐秘信息或者判断载体是否被篡改等目的。

数字水印是保护信息安全、实现防伪溯源、进行版权保护的有效办法，是信息隐藏技术研究领域的重要分支和研究方向。按水印的特性可以将数字水印分为鲁棒数字水印（这种水印能抵抗恶意攻击，主要用于版权保护）和脆弱数字水印（当遭到攻击时，这种水印容易发生改变，从而可以鉴定原始数据是否被篡改，主要用于防伪）两类。根据水印所附载的媒体，可以将数字水印划分为图像水印、音频水印、视频水印、文本水印，以及用于三维网格模型的网格水印等。图1-1-13简要描述了数字水印的嵌入和提取过程。

图1-1-13　数字水印的嵌入和提取过程

1.1.3　数字媒体的压缩与编码

数字化后各种媒体数据量十分庞大，直接存储和传输这些原始信源数据是不现实的。实际上，这些庞大的数据中也存在着大量的数据冗余。通过数据压缩与编码技术，可以在保持数据不损失或者损失不大的情况下，进行数字媒体的存储与传输，使用时再加以恢复。

1. 数字媒体数据的特点

（1）庞大的数据量。

数字媒体数据具有庞大的数据量。例如：1 min的立体声双声道音乐，若采样频率为44.1 kHz，量化位数为8位，不压缩的数据量为44.1×1000×8×60÷8×2=5292000 B=5167.97 KB（式中B为字节的意思）；一张分辨率为1024×768的真彩色照片，如果每个像素用24位二进制存储，数据量为1024×768×24÷8=2359296 B=2.25 MB。如果以每秒24幅这种图像组成视频，1 min视频的数据量为2.25×24×60=3240 MB=3.16 GB。这样庞大的数据量给数据的传输、存储都会带来麻烦。

（2）数据冗余。

数字化后的多媒体数据中存在着大量的冗余数据。例如：图像画面在空间上存在大量相同的色彩信息，被称为空间冗余；视频等连续媒体中，相邻画面也存在大量的相似特征数据，被称为时间冗余；而对于人的感官来说，无论是色彩，还是声音，都存在着无法感受到的内容，这些数据被数字化后，得到的就属于感官冗余信息。这些冗余信息的存在使得数据压缩成为可能。

（3）数据压缩。

数据压缩的实质是在确保还原信息质量能满足要求的前提下，采用代码转换或消除信息冗余量的方法来实现对采样数据量的大幅缩减，从而减少数字媒体所占的存储空间或者传输带宽。在使用时，需要将压缩的数字媒体解压还原，它是将压缩数据通过一定的解码算法还原到原始信息的过程。通常，人们把包括压缩与解压缩的技术统称为数据压缩技术。

2. 数字媒体数据压缩方法

数据压缩技术可以分为有损压缩和无损压缩两种。衡量一种压缩编码方法优劣的重要指标有压缩比、压缩与解压缩速度、算法的复杂程度。压缩比高、压缩与解压缩速度快、算法简单、解压还原后的质量好，则被认为是好的压缩算法。

（1）无损压缩。

还原后的数字媒体与压缩前一样的压缩方式称为无损压缩。最典型的例子是行程长度编码（run length encoding，RLE），其基本原理是相邻数据如果是相同的，那么只需保存一次数据信息和它们重复的次数。例如：字符"aaaaaabbccccddddffffff"，以 ASCII 编码方式直接存储，需要21 B；使用 RLE 将一组相同的数据序列转换为一对二元组，指出重复的成分及其在序列中的重复次数，如（x，n），重复的数据越多，可以压缩掉的空间就越多。本例数据表达成"6a2b4c3d6f"只需要10 B，使用时仍然可以还原成原来的样子，没有任何信息的损失。

事实上，传真、TIFF格式存储的图像、PDF格式存储的文档都使用RLE方法压缩数据。压缩图像的软件首先会确定图像中哪些区域的颜色是相同的，哪些是不同的。包括重复数据的图像就可以被压缩。从本质上看，无损压缩的方法可以删除一些重复数据，大大减少数字媒体在存储介质上保存的空间。但是，无损压缩的方法并不能减少这些媒体的内存占用量，这是因为当从存储介质上读取数字媒体时，软件又会把丢失的数据用适当的信息填充进来。如果要减少数字媒体占用内存的容量，就必须使用有损压缩的方法。

无损压缩方法的优点是能够比较好地保存原始数字媒体的质量，但是相对来说这种方法的压缩率比较低。需要作为原始素材保存或用高分辨率的打印机打印等情况，比较适合使用这种方法压缩。

（2）有损压缩。

数据在压缩过程中有丢失，无法还原到与压缩前完全一样的状态的压缩方法称为有损压缩。有损压缩的目标是减少数字媒体数据在内存和存储介质中占用的空间，但前提是还原后数字媒体数据的质量不能损失太大。例如：在屏幕上观看用JPEG技术压缩的照片时，感觉照片的质量还是很好，MP3音乐给人的感受也很不错，它们都是利用有损压缩的方法处理的。

由于人的眼睛对光线比较敏感，即图像亮度信息的作用比色彩信息更为重要，JPEG压缩技术便利用人眼的这种特点，在压缩时，丢掉了部分颜色高频成分，保留表示亮度的低频成分，使得图像的数据量变小。MP3技术则利用人耳对一些高频的声音不敏感的特点，丢掉了部分高频音频，从而使压缩比提高到12∶1。

1.1.4 数字媒体传输技术

当前互联网上有大量的声音、视频等数字媒体信息，可以方便人们收听、观看。这些数字媒体的数据量虽然巨大，但也不需要等待它们完全下载才能使用，不需要在自己的计算机或电子设备上留存很大的空间用于存储这些数字媒体数据，这完全依赖于流媒体传输技术的发展。

所谓数据的流媒体传输技术，是指声音、视频或动画等数字媒体由媒体服务器向用户计算机连续、实时地传送，通过用户计算机中的缓冲存储空间，存储刚发送过来的数据，并同时开始播放缓冲区中的数据，播放过的信息便从缓冲区中删除，以便后面的数据可以源源不断地传送过来放入存储区。由于所传输的媒体几乎可以立即开始播放，从而不存在下载延时的问题。

流媒体技术发展的基础在于数据压缩技术和缓存技术。通过数据压缩技术，需要传输的数字媒体数据量尽可能减少；通过缓存技术，在网络传输速率出现波动时，可以从缓存中取到接下来需要播放的数据，使得媒体数据能平稳地展现在用户面前。

1.1.5 习题与实践

1. 简答题

（1）根据自己使用数字媒体的经验，说说可以怎样对数字媒体进行分类，每种类型的数字媒体有哪些特点。

（2）请说明ASCII码在计算机等信息系统领域存在的意义。

（3）请说明计算机中汉字系统的处理过程。

（4）请说明计算机中图形与图像的区别。

（5）利用互联网查找资料，解答怎样选择数字音频的采样频率范围。

（6）举例说明如何使用RLE方法压缩图像。

2. 实践题

（1）利用计算机中的画图工具绘制一幅图像，并分别保存为24位位图、8位位图、黑白位图，比较它们的显示质量、所占的存储空间大小。

（2）访问优码配音网，输入一段文字，通过文语转换，使其合成为语音，体验语音合成技术。（使用该网站合成音频需要付费，本练习只需要在线试听。）

（3）访问ABLETIVE电子音乐社区网站，了解电子音乐相关技术，欣赏其他人上传的电子音乐作品。

（4）访问网上电商平台（如淘宝），寻找带有数字水印的数字媒体作品，并举例说明其实际应用的意义。

1.2　数字媒体处理系统

数字媒体的采集、存储、处理和输出离不开众多的硬件设备和软件系统。

1.2.1　硬件系统

数字媒体硬件系统包括支持各种媒体信息的采集、存储、展现所需要的各种外部设备，如用于实现声音采集和播放的声卡、用于实现各种数字媒体显示的视频卡和显示器、用于各种数字媒体信息存储的大容量存储设备，以及种类繁多的各种数字媒体输入、输出及综合设备。

1. 音频部件及设备

除了耳机、话筒或音响等声音输入、输出设备外，在计算机中，声卡是最基本的多媒体部件，是实现声音 A/D（模/数）、D/A（数/模）转换的硬件电路。来自话筒的模拟声音电信号，经过声卡的采样、量化和压缩等处理，转换成由 0 和 1 组成的数字信号，才能在计算机中进行存储和处理；反之，对于需要输出的声音，也是经过声卡将数字化的信号转换成连续的电信号，再通过喇叭或耳机输出，如图 1-2-1 所示。

图1-2-1　声卡的工作原理

声卡分为插在计算机底板上的内置声卡（如图 1-2-2 所示）和与底板集成在一起的集成声卡，还有独立的外置声卡（如图 1-2-3 所示）。内置声卡一般接口较少，用于一般的电脑音频的输入与输出；外置声卡可以通过 USB 接口与计算机或其他智能设备相连，还可以包含多个音频的输入输出接口，用于连接麦克风和各种电子乐器。

麦克风采集的模拟音频经过声卡的采样、量化和编码后，就可以成为二进制的数字声音信号。

声卡可支持的采样频率有 11.025，22.05，44.1，48 等，量化位数有 8 位、16 位，甚至更高，采样频率越大、量化位数越高，则声音的保真度越好，但声音所占存储空间也会越大。传统CD唱片的采样频率是44.1 kHz，量化位数是16位的声卡被认为是高保真音响质量。

图1-2-2 内置声卡　　　　　　　　图1-2-3 外置声卡

计算机中所安装的声卡的功能与性能直接影响数字媒体系统中的音频效果。一般来说，声卡除了具有录制和播放音频文件的功能外，还具有压缩和解压缩音频文件的功能，并能与MIDI设备和光盘驱动器相连接。

高档的声卡中会包含单独用来处理声音的集成电路芯片，称为数字信号处理器（digital signal processor，DSP），它能在提高声音处理的速度和改善音质的同时，还能减轻中央处理器（CPU）的负担。

2. 视频部件及设备

视频技术是数字多媒体技术的重要组成部分，它使得色彩鲜艳的动态图像能在计算机中进行输入、编辑和播放。视频设备除了显示器、摄像头、数码摄像机等设备外，还包括用于数模转换、图形加速的显示卡。

显示器是用来显示影像的装置。目前比较常见的是液晶显示器（liquid crystal display，LCD），而在笔记本电脑、平板电脑上，LED显示器也被越来越多地使用。

显示卡（video card，graphics card）又称显示适配器，简称显卡，是计算机的重要组成部分，它分为集成显卡和独立显卡。集成显卡与电脑主板相集成，是一种具备基本功能的显卡；独立显卡具备GPU（graphics processing unit，图形处理器）和独立的显示内存，具有高效的处理3D图像的能力。独立显卡一端通过PCI（peripheral component interconnect，外设部件互连标准）接口插在电脑主板上，另一端则通过VGA（video graphics array，视频图形阵列）、DVI（digital video interface，数字视频接口）、S-Video或HDMI（high definition multimedia interface，高清晰度多媒体接口）等对外接口，与显示器相应的接口相连。图1-2-4所示的显卡上包含了三种对外接口。

图1-2-4　显示卡

　　计算机的显示屏幕的画面质量不仅取决于显示器本身，也取决于显示卡的性能指标。其中色彩位数和显示分辨率是显卡最基本的性能指标。在各种不同的系统中，都可以查看设备的分辨率情况，例如在Windows桌面上右击，执行快捷菜单中的"显示设置"命令，可以打开如图1-2-5所示的窗口，从分辨率下拉列表中可以选择合适的分辨率设置。从显示设置右边拖曳滚动找到并单击"高级显示设置"命令，可以打开如图1-2-6所示的"高级显示设置"对话框，了解当前计算机所使用的显卡相关设置。

图1-2-5　Windows的显示分辨率　　　　　　图1-2-6　高级显示设置

3. 其他常见的数字媒体输入和输出设备

　　除了以上这些处理数字媒体的计算机所必需的硬件之外，图像扫描仪、电子笔、数字化仪等是常见的数字媒体输入设备，如图1-2-7所示；打印机、投影仪、绘图仪等则是常见的数字媒体输出设备，如图1-2-8所示；而数码相机、数码摄像机、触摸屏、智能手机及各种平板设备等既具有输入功能，又具有输出功能，都是十分普遍的数字媒体综合设备，如图1-2-9所示。

扫描仪　　　　　　　　　电子笔　　　　　　　　数字化仪

图1-2-7　常见的数字媒体输入设备

打印机

投影仪

绘图仪

图1-2-8 常见的数字媒体输出设备

数码相机

平板电脑

智能手机

图1-2-9 常见的数字媒体综合设备

4. 各种大容量存储设备

数字媒体产生之后会占据大量存储空间，除了保存在计算机的硬盘等自带存储设备中，或者上传到网盘里之外，在数码相机、数码摄像机、智能手机等设备中，也需要临时保留大量的数字媒体数据，这些数据可以通过各种存储卡进行保存。

为配合不同的综合数字媒体设备，市场上有种类繁多的存储卡，其不仅容量不同，外观样式、存储空间、安全系数等也大不相同。常见的存储卡有SD卡、CF卡、MMC卡、TF卡、记忆棒等。图1-2-10为各种不同的存储卡在外观上的差异，购买时应先确认所用设备的存储卡类型和外观。图1-2-11为外观近似的不同存储卡在接口上的细微差异。

SD卡

CF卡

TF卡

记忆棒

图1-2-10 各种不同的储存卡外观

SD卡   MMC plus卡   MMC卡

图1-2-11 差异不大的储存卡在接口上的差异

1.2.2 软件系统

多媒体软件系统包括支持各种多媒体设备工作的操作系统，各种媒体的采集、创作和处理工具，将各种媒体集成起来的各种多媒体创作工具，以及提供给最终用户使用的各种多媒体应用软件。这些软件可以通过光盘、U盘的形式或网络的形式发布到用户的计算机中使用。

1. 操作系统中的多媒体功能

操作系统是计算机人机信息交流中必不可少的系统软件之一。为了使包含多种数字媒体的多媒体计算机能够处理和表现诸如声音、视频等多种数字媒体信息，操作系统一般需要具有多任务的特点，而数字媒体信息的大数据量特征则需要有大容量的存储器相配套，因此操作系统必须具有管理大容量存储器的功能；计算机在运行大数据量的程序或多个程序同时运行时，需要有大的内存空间的支持，在内存容量有限的情况下，操作系统需要通过虚拟内存技术，借硬盘等辅助存储器的能力来达到这一目的。

目前常用的操作系统都支持同时处理多种数字媒体的功能，具有多任务的特点，并能控制和管理与多种媒体有关的输入、输出设备。例如，对计算机硬件的检测和设置是智能化的，当在计算机上增加某种多媒体设备时，操作系统能感受到新设备的增加，并提示安装驱动程序，使该设备能够方便地进入可使用状态，这就是所谓"即插即用"功能，这一功能大大方便了新硬件的添加。

操作系统中的虚拟内存管理技术使许多大程序可以借助硬盘的剩余空间得以运行。例如：打开Windows的设置窗口，在查找中输入"查看高级系统设置"，找到并执行该命令，便可打开图1-2-12所示的对话框。从该对话框中可以得知当前的虚拟内存设置情况，并可进行相应的修改。

2. 媒体信息加工处理工具

数字媒体信息处理主要就是把通过外部设备采集来的各种数字媒体信息，包括文字、图像、声音、动画、影视等，用软件进行加工、编辑、合成、存储，最终形成一个综合多种数字媒体的多媒体软件产品。这一过程会涉及各种数字媒体加工工具和多种数字媒体集成工具。针对不同的媒体，加工软件具有不同的特色。

文字是使用频率最高的一种媒体形式，对文字的处理包括输入、文本格式化、文稿排版、添加特殊文本效果、在文稿中插入图形和图像等。常用的文字处理软件有Windows中的记事本和"写字板"软件、Word和WPS等。

图形图像的处理包括改变图形图像的大小，图形图像的合成，编辑图形图像，添加诸如马赛克、模糊、玻璃化、水印等特殊效果，图形图像打印输出，等等。常用的图形图像处理软件有美图秀秀、Windows 10中的画图3D等工具、Photoshop、PhotoDraw、CorelDraw、Freehand、Illustrate等；手机操作系统中也有诸如Snapseed等图像处理App。

图 1-2-12　了解 "虚拟内存的情况"

声音的处理包括录音、剪辑、去除杂音、混音、合成等。声音处理软件有 Audacity、Ulead Audio Editr、Creative 录音大师、Adobe Audition、GoldWave、Cakewalk 等。

计算机中的动画可分为二维动画和三维动画两大类。利用计算机制作动画时，通常先制作动画角色，二维动画的角色是平面的，三维动画中的角色则通常需要通过建模、设置纹理、光照效果等处理后建立起来，使其具有立体感。完成角色设计和制作后，需要安排画面变化的顺序。对于有规律的变化过程，可先安排若干关键画面，而关键画面之间的其他画面，则可让计算机通过计算后插补得到。常见的二维动画制作软件有 Flash、Gif Animation、TVPaint Animation、Toon Boom Studio、万彩动画大师等，三维动画制作软件主要有 3ds MAX，Lightwave 3D，Maya，CINEMA 4D，Blender 等，以及苹果电脑上的 Shake 三维动画制作软件。利用这些软件，能产生效果逼真的场面，如电影《金刚》中的电脑特技效果是用Shake制作的，《功夫熊猫》是用Maya制作的。

视频是多媒体系统中主要的媒体形式之一，利用计算机进行视频处理，可以完成传统视频编辑机所能完成的视频剪切、过渡设置、配音、增加文字解说等各种视频的非线性编辑功能。快剪辑、Ulead Video Editor、Camtasia、Vegas Pro、Adobe Premiere Pro等都是常见的视频编辑工具。

图1-2-13为Adobe公司出品的主要数字媒体处理软件。

图1-2-13　Adobe公司出品的主要数字媒体处理软件

3. 多媒体集成工具

除了单个数字媒体的加工处理软件外，设计和制作多媒体应用软件作品时，可以通过多媒体集成软件把各种数字媒体有机地集成起来成为一个统一的整体。除了像VB，Java，Delphi等程序设计语言外，也可以利用PowerPoint演示文稿、网页制作工具（如Dreamweaver）、Flash等进行多媒体元素的合成，或利用专门的多媒体集成软件来完成多媒体元素的合成，例如：以图标规划为特点的多媒体制作软件Authorware；基于时间顺序的多媒体制作软件Director，Flash；基于页或卡片式的Multimedia ToolBook等都是进行多媒体集成的主要工具。

在制作多媒体作品的时候，不可能只使用到以上的某一种软件，涉及的各类文件格式也很多，常会用到一些诸如魔影工厂、视频格式转换器等格式转换工具。针对不同的媒体要采用不同的处理软件，只有这些软件相互配合使用，才能制作出图、声、文并茂的富有感染力的多媒体作品。

4. 多媒体应用软件

多媒体应用软件是利用数字媒体加工和多媒体集成工具制作的，运行于计算机、平板、智能手机等智能设备上的具有某种具体功能的软件，如辅助教学软件、游戏软件、电子百科全书、视频会议、聊天软件，以及各种虚拟现实、增强现实软件等。这些软件一般具有多种数字媒体的集成、超媒体结构（如图1-2-14所示）、强调交互操作的特点。

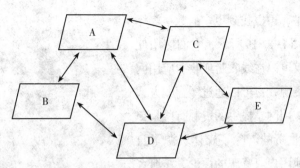

图1-2-14 超媒体结构示意图

5. 媒体播放工具

部分多媒体应用软件是可以独立安装和播放的，但有些需要借助于网页浏览器进行播放，还有些需要利用媒体播放工具进行播放。Windows 操作系统中整合了 Microsoft Edge 浏览器、Groove 音乐播放器（如图 1-2-15 所示）、相机、照片播放和管理工工具（如图 1-2-16 所示）、3D 查看器（如图 1-2-17 所示）、小娜语音对话工具（如图 1-2-18 所示）等多媒体应用工具。如果在系统中安装了其他数字媒体软件，也会像系统本身提供的工具那样无缝地整合到系统中，使用户可以便捷获取和使用。

图1-2-15 Groove音乐播放器

图1-2-16 照片播放和管理工具

在手机应用中，可以找到更多的数字媒体播放器工具，如图1-2-19所示，它们使用便捷，在访问时不仅可以在线收听或收看应用网站中提供的媒体资源，也可以通过缓存的方式方便离线使用。应用网站提供的资源有些是免费的，也有些是收费的。除了媒体资源本身外，可以看到其他用户对资源的评论，注册登录后，也可以参与评论。有些应用网站通过手机端媒体播放工具已经吸引了大量用户，并通过提供各种服务和出售相关商品获取利润。

图1-2-17　3D查看器

图1-2-18　Windows语音对话工具

图1-2-19　手机上的大量媒体播放App

由于各种多媒体数据是经过压缩存储和传输的，在播放时，就需要进行实时解压缩，因此在媒体播放器中需要包含相应的解压缩（或称为解码）功能，才能使媒体得以正常播放。由于多媒体应用涉及的媒体种类众多，各种媒体存储时可以有不同的压缩方式，形成多种格式，针对不同的媒体格式，许多公司和个人开发了不同的媒体播放器，在打开和播放多媒体应用时，可以利用互联网搜索找到符合需要的媒体播放器。

1.2.3　习题与实践

1. 简答题

（1）观察所用计算机的声卡属于哪种，是独立声卡还是与底板集成在一起的集成声卡。

（2）请说出声卡的主要作用。

（3）观察所用计算机的显卡涉及的性能指标。

（4）说明所用计算机的显示器属于哪一类；利用互联网查找资料，说明该显示器的基本显示原理。

（5）请以图文并茂的方式，分别介绍一款教材上没有提到的数字媒体输入设备和输出设备。

（6）请介绍一下所用手机的型号、存储系统。

2. 实践题

（1）通过互联网商城，找到一款目前你认为比较高档的声卡，罗列其功能指标，说明这些功能指标的含义。

（2）通过观察，罗列所用操作系统软件的名称版本和其所支持的数字媒体方面的各种功能。

（3）尝试查看所用计算机的 Windows 操作系统中的虚拟内存空间设置为多少，将相应的对话框截图保存下来。

1.3　数字媒体新技术

随着互联网的普及与应用，数字媒体技术也成为当今信息技术领域发展得最快、最活跃的分支之一，虚拟现实、3D 打印、大数据可视化等数字新技术层出不穷，应用场景日益丰富。

1.3.1　互联网与移动应用

1. 互联网上的数字媒体应用

当今社会，互联网成了人们获取信息的重要渠道之一，当使用浏览器进入互联网的时候，纯粹的文字新闻报道已经无法满足人们的需要，视频、购物、游戏、出行等方面的各类应用都会涉及数字媒体。

图 1-3-1 所示为互联网上的视频，可以通过视频网站搜索找到自己喜欢的视频，观看视频的同时还可以点赞、分享、评论等，比传统通过电视观看有更多的互动功能，也更加有趣。

图1-3-1　互联网上的视频

　　图1-3-2所示为互联网上的购物平台，各种商品以图片或视频形式展现，与图像识别技术相结合，将网站的强大搜索功能发挥得淋漓尽致，用户不仅可以通过关键字搜索需要的商品，还可以扫描自己见到的物品，用网站搜索出相似的商品。

图1-3-2　互联网上的购物平台

　　2. 移动互联网应用

　　移动互联网是以移动通信网作为介入的互联网，是移动通信技术、终端技术与互联网技术的聚合。其具有移动性、个性化、私密性和融合性的特征。据《中国移动互联网发展报告（2021）》显示，截至2020年12月，我国手机网民规模已达9.86亿，占整体网民的99.7%。可见，移动互联网的应用前景十分广阔，已经深刻地改变了人们的生活和沟通方式，也在影响着商业和经营模式的发展。

　　移动互联网创造了新的媒体传播方式，社交媒体已经成为人们交流和获取信息最重要的媒介，越来越多的人通过微博和微信获取信息。同时，自媒体也层出不穷。自媒体也称个人媒体，是以现代化和电子化的手段，向不特定的大多数人或者特定的个人传递规范性及非规范性信息的新媒体总称。这些新媒体的内容大多以图片、视频、音频等数字媒体形式展现。图1-3-3所示为微信中的自媒体举例。

移动互联网创造车联网时代。车联网借助装载在车辆上的传感设备，搜集车辆和车内乘员的信息，通过网络共享，实现驾驶员、车、乘客、行人、车联网平台、城市网络的互联，从而实现安全驾驶，使用户更好地享受技术和生活服务等。图1-3-4所示为车联网示意图。

图1-3-3 微信中的自媒体举例

图1-3-4 车联网示意图

移动互联网创造出互联网金融。互联网金融主要包括余额宝式的投资理财项目，支付宝、微信式的个人支付项目，众筹平台式的创业项目。图1-3-5所示为支付宝移动端主界面，包含了投资理财、移动支付等多项功能。

图1-3-5 支付宝移动端

图1-3-6 移动游戏

移动互联网促进移动了游戏的发展。随着智能终端和4G网络的普及，移动游戏的用户规模和市场份额都呈现爆发式增长。图1-3-6所示为移动游戏界面。

3. 多媒体云计算

多媒体云计算（multimedia cloud computing）是提供多媒体服务和应用的新兴技术，用于生成、编辑、处理、搜索各种数字媒体内容，如图像、视频、音频和图形。在这种基于云的新型计算模式中，用户分布式地存储和处理数据，避免了在用户设备上进行多媒体计算。云渲染（cloud render）是多媒体云计算技术的重要应用，它利用高速互联网，将3D模型传输到远程服务器集群（因配备了GPU而具备了强大的计算能力）中渲染，解决了在手机或其他计算能力受限的终端上进行3D渲染的时效问题。指令从用户终端发出，服务器根据指令执行对应的渲染任务，渲染结果被传送回用户终端加以显示。云渲染不仅可广泛应用于互联网3D游戏产业，而且在大型企业的产品协同设计中发挥着重要的作用。图1-3-7给出了多媒体云渲染的示意图。

图1-3-7　多媒体云渲染示意图

1.3.2　人机交互新技术

人机交互技术（human-computer interaction techniques）是指通过计算机输入、输出设备，以有效的方式实现人与计算机对话的技术。人机交互技术包括机器通过输出或显示设备给人提供大量有关信息及提示或请示等；人通过输入设备给机器输入有关信息，回答问题及提示或请示等。人机交互技术是计算机用户界面设计中的重要内容之一。

人机交互与认知学、人机工程学、心理学等学科领域有密切的联系，也指通过电极将神经信号与电子信号互相联系，达到人脑与电脑互相沟通的技术。可以预见，电脑甚至可以在未来成为一种媒介，完成人脑与人脑意识之间的交流，即心灵感应。

1. 人机交互界面

最初的人机交互界面是WIMP界面。Xerox Palo研究中心于20世纪70年代中后期研制出原型机Star，形成了以窗口（windows）、图符（icons）、菜单（menu）和指示装置（pointing devices）为基础的图形用户界面，即WIMP界面。

Apple最先采用了这种图形界面。斯坦福研究所20世纪60年代的发展计划也对WIMP界面的发展产生了重要的影响。该计划强调增强人的智能，把人而不是技术放在了人机交互的中心位置。该计划的结果促使了许多硬件的发明，众所周知的鼠标就是其中之一。

基于WIMP技术的图形用户界面从本质上讲是一种二维交互技术，不具有三维直接操作的能力。要从根本上改变这种不平衡的通信，人机交互技术的发展必须适应从精确交互向非精确交互、从单通道交互向多通道交互及从二维交互向三维交互的转变，发展用户与计算机之间快速、低耗的多通道界面。在传统的人机系统中，人被认为是操作员，只是对机器进行操作，而无真正的交互活动。在计算机系统中，人还是被称为用户。只有在虚拟现实系统中的人才是主动的参与者。

2. 虚拟现实

虚拟现实（virtual reality，VR）是将计算机仿真技术与计算机图形学、人机接口技术、多媒体技术、传感技术、网络技术等多种技术相结合模拟出一个三维的虚拟世界，让使用者有一种身临其境的感觉，但使用者看到的场景和人物全是虚拟的。

VR主要由模拟环境、感知自然技能和传感设备等组成。模拟环境是由计算机生成的、实时动态的三维立体逼真图像；感知是指理想的VR应该具有一切人所具有的感知，除视觉感知外，还有听觉、触觉、力觉、运动等感知，甚至还包括嗅觉和味觉等；自然技能是指人的头部转动、眼睛、手势或其他人体行为动作，由计算机来处理与参与者的动作相适应的数据，对用户的输入作出实时响应，并分别反馈到用户的感官；传感设备是指三维交互设备。VR通过对现实世界进行3D建模，再通过对用户信息的检测与反馈，从而让用户体验到身临其境的感觉。如图1-3-8所示为VR构成示意图，图1-3-9所示为典型的VR眼镜。

各种传感器（头盔显示器、话筒、数据手套、数据衣、鞋等）

虚拟环境

3D模型

建模

现实世界

语音反馈
力反馈等

交互式控制系统

图1-3-8　VR构成示意图　　　　　　　　　　**图1-3-9　VR眼镜**

虚拟现实技术除了要求有高度自然的三维人机交互技术外，由于受交互装置和交互环境的影响，不可能也不必要对用户的输入做精确的测量，而是一种非精确的人机交互。三维人机交互技术在科学计算可视化和三维CAD系统中占有重要的地位。

虚拟现实作为近年来最为火热的一种三维人机交互技术，已经愈发成熟。

3. 增强现实

增强现实（augmented reality，AR）是通过计算机技术将虚拟的信息应用到真实世界，将真实的环境和虚拟的物体实时地叠加到同一个画面或空间，被人类感官所感知，从而达到超越现实的感官体验。在视觉化的增强现实中，参与者利用头盔显示器，把真实世界与电脑虚拟世界合成在一起。

增强现实技术包含了多媒体、三维建模、实时视频显示及控制、多传感器融合、实时跟踪及注册、场景融合等新技术。

AR系统具有三个突出的特点：①真实世界和虚拟世界的信息集成；②具有实时交互性；③在三维尺度空间中增添定位虚拟物体。

AR技术可广泛应用到军事、医疗、建筑、教育、工程、影视、娱乐等领域。图1-3-10所示为用户头戴AR设备观看比赛。

4. 混合现实

混合现实（mixed reality，MR）是增强现实和增强虚拟的组合，是合并了现实和虚拟世界而产生的新的可视化环境。在MR环境里物理和数字对象共存，并实时互动。增强现实（AR）是将虚拟信息加在真实环境中来增强真实环境；增强虚拟（augmented virtuality，AV）是将真实环境中的特性加在虚拟环境中。例如，手机中的赛车游戏与射击游戏就是通过重力传感器、陀螺仪等设备将真实世界中的重力、磁力等特性加到虚拟世界中。

VR，AR，MR存在一定区别，如果一切事物都是虚拟的那就是VR；如果展现出来的虚拟信息只能简单叠加在现实事物上，那就是AR；MR的关键点就是与现实世界进行交互和信息的及时获取，如图1-3-10用户头戴AR设备观看比赛时，场馆介绍、运动员介绍、动作技术规范、比赛规则等都可以实时叠加在现实场景之上。

图1-3-10　用户头戴AR设备观看比赛

5. 幻影成像

幻影成像是基于实景造型和幻影的光学成像结合，即将所拍摄的影像（人、物）投射到布景箱中的主体模型景观中，演示故事的发展过程。它绘声绘色、直观明了，能给人留下较深的印象。幻影成像系统由立体模型场景、造型灯光系统、光学成像系统（应用幻影成像膜作为成像介质）、影视播放系统、计算机多媒体系统、音响系统及控制系统组成，可以实现大场景的逼真展示。

幻影成像技术催生出许多新的应用，如金字塔式全息幻影成像、幻影环幕、幻影球幕、幻影沙盘、幻影翻书等。图1-3-11所示是金字塔式全息幻影成像展示柜，它由透明材料制成四面锥体，四面视频影像从金字塔尖投射到这个锥体中的特殊棱镜上，汇集到一起后形成立体影像。观众从任意侧面观看，能从锥形空间里看到自由飘浮的影像。

图1-3-11 全系幻影成像展示柜（左）和四面视频（右）

6. 无线传屏

一般家庭中都有多个屏幕，如电视机屏幕、电脑屏幕、手机屏幕和Pad屏幕等。利用无线技术把一个屏幕上的内容即时同步地投放到另一个屏幕上就称为无线传屏。例如：把电脑屏幕画面显示到电视机的屏幕上，把手机屏幕画面显示到电视机屏幕上，等等。目前有四种较为成熟的无线传屏技术，包括苹果的Airplay、Wi-Fi联盟的Miracast、英特尔的WiDi（intel wireless display），以及其他公司联盟的DLNA。图1-3-12是无线传屏示意图。

图1-3-12 无线传屏示意图

1.3.3 三维建模与3D打印

1. 3D打印的概念

3D打印（3D printing）是快速成型技术的一种，它是一种以数字模型文件为基础，运用粉末状金属或塑料等可黏合材料，通过逐层打印的方式来构造物体的技术。过去经常被用在模具制造、工业设计等领域，现在正在朝着产品制造的方向发展，形成"直接数字化制造"。

3D打印技术是以计算机三维设计模型为蓝本，通过软件分层离散和数控成型系统，利用激光束、热熔喷嘴等方式将金属粉末、陶瓷粉末、塑料、细胞组织等特殊材料进行逐层堆积黏结，最终叠加成型，制造出实体产品。与传统制造业通过模具、车铣等机械加工方式对原材料进行定型、切削以最终生产产品的方式不同，3D打印将三维实体变为若干个二维平面，通过对材料处理并逐层叠加进行生产，大大降低了制造的复杂度。这种数字化制造模式不需要复杂的工艺，不需要庞大的机床，不需要众多的人力，直接从计算机图形数据中便可生成任何形状的零件，使生产制造得以向更广的生产范围延伸。3D打印通常是采用数字技术材料打印机来实现的。

3D打印机与普通打印机的工作原理基本相同，只是打印的材料有所不同。普通打印机的打印材料是墨水和纸张，而3D打印机内部装有金属、陶瓷、塑料、砂等不同的打印材料，是实实在在的原材料。打印机与电脑相连后，通过电脑控制可以把"打印材料"一层层叠加起来，最终把计算机上的蓝图变成实物。通俗地说，3D打印机是可以打印出真实的3D物体的一种设备。图1-3-13所示为一台3D打印机打印出的由计算机通过三维建模设计的作品。

图1-3-13 3D打印三维设计模型

2. 3D打印的发展

3D打印源于100多年前美国研究的照相雕塑和地貌成型技术，20世纪80年代已有雏形，其学名为"快速成型"。1995年，麻省理工学院创造了"3D打印"这个名词，随后3D打印便开始在实验室萌芽。慢慢地，3D打印技术开始被应用在更广泛的领域。

从20世纪80年代到今天，3D打印技术走过了一条漫长的发展之路。1986年，查克·赫尔（Charles Hull）开发了第一台商业3D印刷机。1993年，麻省理工学院获3D印刷技术专利。1995年，美国Zcrop公司从麻省理工学院获得唯一授权并开始开发3D打印机。2005年，首个高清晰彩色3D打印机Spectrum Z510由Zcorp公司研制成功。

3. 3D打印的应用

在医学上，科学家们使用3D打印机可以制造出很多人体组织，具体包括细胞、组织工程支架和植入物、假体、手术器械、牙齿等。2013年初，欧洲的医生和工程师利用3D打印机制造出一个人造下颌骨替换病人的受损骨骼，而且病人术后使用良好，并未影响其日常生活。

在工业制造业中，3D技术应用相当广泛，可以直接用来制作模具原型或直接打印模具、产品等。在汽车制造行业，可以直接打印汽车，当然造价也相当昂贵。

在航空航天、国防军工方面，3D打印技术更是可以直接用来制造形状复杂、尺寸细微、有特殊性能的零部件。

在消费品方面，3D打印技术也发挥着它的功能，利用3D打印技术，可以进行珠宝、服饰、鞋类、玩具和一些创意DIY作品等的设计和制造。

4. 3D打印的未来

3D打印技术是一种新型的生产方式，能够促成新的工业革命。从中长期来看，3D打印产业具有较为广阔的发展前景，但目前距离成熟阶段尚有较大的距离，还有诸如成本太高、社会道德风险、机器材料的限制、精度和效率、知识产权等困难需要被一一克服。

1.3.4　数据可视化

1. 数据可视化的概念

数据可视化（data visualization）是指将一些抽象的数据以图形图像的方式来表示，并利用数据分析和开发工具发现其中未知信息的处理过程。

数据可视化为各种数据应用创造了一个最终展现的窗口。由于人类的大脑对视觉信息的处理优于对文本的处理，数据可视化更易于理解和展示数据的模式、趋势和相关性。在现有的各种数据应用中，可视化模块作为数据和模型触达用户的最末端环节，其呈现方式和触达途径将直接影响数据的实际应用效果，并影响用户对数据系统的使用体验、对数据的直观感受及对数据隐含信息的发现和理解，以至于进一步左右用户基于数据的判断和决策，最终对数据和模型所能够发挥的效用和价值产生巨大影响。

数据可视化的定义非常宽泛，凡是将数据以某种视觉形式加以展现，均可视为数据可视化。广义的数据可视化包括数据图表（data chart，如图1-3-14所示）、信息图（infographic，如图1-3-15所示）、思维导图（mindmap，如图1-3-16所示）、文字云（word cloud，如图1-3-18所示）等多种类型，数据来源包括各类结构化、半结构化、非结构化等数据，生成形式包括自动化、半自动化、手动等多种方式，色彩、形状、交互等艺术化的处理方式更是千变万化。

指标卡　　　　　　　　计量图　　　　　　　　饼图　　　　　　　　柱状图

直观展示数据和环比情况　　形容数据完成的进度　　数据所占比例　　直观展示对应的数据、
　　　　　　　　　　　　　　　　　　　　　　　　　　　　　　可以对比多维度的数值

图1-3-14　数据图表

图1-3-15 信息图

图1-3-16 思维导图

图1-3-17 文字云图

大数据时代来临，可视化作为大数据的"显示器"，可以为用户全面呈现数据背后的价值。大数据可视化就是指将海量的结构或非结构数据转换成适当的可视化图表，将隐藏在数据中的信息直观地展示在人们面前。大数据可视化技术已经在政府治理、金融监管、医疗预测、App应用分析、电商运营等领域发挥了巨大的作用。

2. 数据可视化工具简介

工欲善其事，必先利其器。大数据是大容量、高速度，且数据之间差异很大的数据集，因此需要新的处理方法来优化决策的流程。大数据的挑战在于数据采集、存储、分析、共享、搜索和可视化。传统的数据可视化工具不足以被用来处理大数据，这里简单介绍两种工具。

（1）ECharts。

ECharts是一个纯Javascript的图表库，可以流畅地运行在PC和移动设备上，兼容当前绝大部分浏览器（IE8/9/10/11、Chrome、Firefox、Safari等），提供直观、生动、可交互、可高度个性化定制的数据可视化图表，具有丰富的图表类型、支持多个坐标系、支持大数据量的可视化和特效绚丽的特点。

ECharts不仅提供了常规的折线图、柱状图、散点图、饼图、K线图和用于统计的盒形图，还有用于地理数据可视化的地图、热力图、线图，用于关系数据可视化的关系图、Treemap和多维数据可视化的平行坐标，以及用于BI的漏斗图、仪表盘，并且它还支持图与图之间的混搭。

ECharts 支持了直角坐标系（cartesian，同 grid）、极坐标系（polar）、地理坐标系（geo）。图表可以跨坐标系存在，例如折、柱、散点等图可以放在直角坐标系上，也可以放在极坐标系上，甚至可以放在地理坐标系中。图 1-3-18 所示 2003 年男性女性身高体重分布图即散点图在直角坐标系上的例子。

图 1-3-18　2003 年男性女性身高体重分布图

借助 Canvas 的能力，ECharts 在散点图中能够轻松展现上万甚至上十万的数据。图 1-3-19 所示为百万点的模拟星云图。

图 1-3-19　百万点的模拟星云图

针对线数据、点数据等地理数据的可视化，ECharts 提供了吸引眼球的特效，如图 1-3-20 所示为某一时刻互联网上各结点类型及相互关系图。

图1-3-20 互联网上各节点类型及相互关系（某一时刻）

（2）Tableau。

Tableau是一个能将数据运算与美观的图表完美地结合在一起的软件，它既能连接本地数据，也可以连接云端数据，无论是大数据、SQL数据库、电子表格还是类似OneDrive的云应用，无需编写代码，即可访问和合并离散数据。高级用户可以透视、拆分和管理元数据，实现优化数据源。通过将大量数据拖放到数字画布上，能快速创建好各种图表。其所提供的交互式仪表板能帮助用户即时发现隐藏的信息，如图1-3-21所示。

图1-3-21 Tableau操作面板

1.3.5 人工智能技术推动数字媒体的发展

数字媒体的发展已不再是局限于互联网和IT行业的事情，而是成为全产业未来发展的驱动力和不可或缺的力量。数字媒体的发展通过影响消费者行为来深刻地影响各个领域的发展，其中消费业等受到了来自数字媒体极其强烈的冲击，反过来消费业的茁壮成长也对数字媒体的发展提出了更多的要求。

1. 推荐系统

近年来最为流行的消费形式无疑就是网购，无论是国内的淘宝、京东，还是国外的 Amazon、eBay，相信大家都有在这些电子商务网站上消费的经历。当在这些电子商务网站上消费的时候，你是否经常会注意到一些标有"为您推荐""猜你喜欢"（如图1-3-22所示）等字样的商品？网站的推荐是否刚好就是你所需要的呢？支撑它的是受人工智能技术推动的推荐系统技术。

推荐系统在电子商务网站上的作用是巨大的，在业内有着"推荐系统之王"之称的 Amazon，其35%的销售额与推荐系统相关。当今的电子商务网站利用推荐系统将用户和信息联系到一起，一方面帮助消费者发现自己感兴趣的商品，另一方面让商品能够呈现在对它感兴趣的消费者面前。一个完整的推荐系统一般包含三个参与方，即用户、物品提供者和提供推荐系统的网站，如图1-3-23所示。

图1-3-22 网站推荐的商品

图1-3-23 推荐系统示意图

图1-3-24 啤酒与尿布的故事

那么推荐系统怎么实现推荐呢？在解答这个问题之前，先来看"啤酒与尿布"的故事（如图1-3-24所示）：20世纪90年代的全球零售业巨头沃尔玛对顾客的行为分析后发现，年轻的父亲在购买婴儿尿片的时候，经常都会买几瓶啤酒犒劳自己，于是店员便将啤酒和尿布这两款完全不相关的产品放到一起，这一意外的发现让两种商品的销量都大大提高。从这个例子中可以看到，将一些相似的消费者（年轻的父亲）都喜欢购买的商品（啤酒和尿布）组合在一起，那么这种组合就能很好地吸引其他相似的用户来购买。用更通俗的语言来形容，如果一种商品被很多消费者购买，那么与这些消费者很相似的人也有可能会购买这一商品。这样的思路也体现在如今的推荐系统中，被称为"基于项目的协同过滤"。当然这只是推荐系统中最为基础的一项推荐方法，其余还有"基于用户的协同过滤""基于社交关系的推荐系统"等。

在大部分电子商务网站上所利用到的推荐系统都是复合了多种推荐系统的方法，用以满足各个参与方的各种各样的需求。以推荐图书为例，推荐系统需要先满足用户的需求，向用户推荐他们感兴趣的图书，然后在此基础上，考虑让不同出版社的图书都有被推荐给用户的机会，而不是只有大型出版社的图书被推荐。所以最后推荐系统提供给消费者的推荐是对各个参与方做出各种让步后的结果。

2. 智能视频检索

智能视频检索技术是利用视频分割、自动数字化、语音识别、镜头检测、关键帧抽取、内容自动关联、视频结构化等技术，以图像处理、模式识别、计算机视觉、图像理解等领域的知识为基础，通过自动化的智能分析预处理，将杂乱无章、毫无逻辑的监控视频内容（运动目标、行人、车辆）进行梳理，自动获取视频内事件及目标的关键信

图1-3-25　智能视频检索系统对运动目标进行智能检索

息，并根据这些信息生成视频内容及索引。为了提高计算速度，可采用集群方式来提高计算能力。智能视频检索技术在维护社会公共安全、加强社会管理等领域大有作为。如图1-3-25所示，智能视频检索系统正在对运动目标进行智能检索。

3. 多模态人机交互

模态（modality）指的是感官，多模态就是将多种感官融合。人工智能机器人操作系统Turing OS将机器人与人的交互模式定义为多模态交互，即通过文字、语音、视觉、动作、环境等多种方式进行人机交互，大大拓宽了传统PC式的键盘输入和智能手机的点触式交互模式。多模态交互方式定义了下一代智能产品机器人的专属交互模式，为相关硬件、软件及应用的研发奠定了基础。

1.3.6　习题与实践

1. 简答题

（1）举例说明本章未提及的互联网上的数字媒体应用。

（2）举例说明移动互联网中数字媒体存在的意义。

（3）请描述虚拟现实、增强现实、混合现实的区别，并说明它们存在的意义。

（4）通过市场调研，说明哪些类型的智能电子终端具有无线传屏的功能。

（5）除了本章介绍的数据可视化工具，还有哪些方法可以进行数据可视化？

（6）举例说明推荐系统除了网站商品推荐之外，还可以有哪些地方可以使用。

2. 实践题

（1）在智能手机上寻找和下载一个你认为对你的学习或生活会有帮助的虚拟现实或增强现实App，体验后，以图文并茂的形式向其他同学推荐该款App。

（2）访问踏得网网站（http://techbrood.com/），里面有许多虚拟现实的作品和对应的代码，如果有兴趣，可以从网站上找到相应的学习资料进行进一步的学习。

（3）尝试游玩"我的世界"（Minecraft）虚拟现实游戏，构建一个简单的故事。

（4）下载和安装3D One家庭版软件，利用网上的3D One视频教程，熟悉该软件，然后利用该软件尝试设计一个3D作品，并将自己设计完成作品的步骤记录下来，以图文并茂的方式介绍给同学。

（5）根据本实验所提供的电影数据集——该数据集中的数据按 ¦用户名称：{电影名称：用户对该电影的评分...¦ ...¦ 格式排列——使用推荐程序，向用户推荐最相关的电影。

①数据集和推荐程序可以使用记事本打开"配套资源/第1章/SY1-1-1.py"，如图1-3-26所示，将所有代码全选（按组合键Ctrl+A），然后复制（按组合键Ctrl+C）。

```
recommend.py - 记事本
文件(F) 编辑(E) 格式(O) 查看(V) 帮助(H)
'Michael Phillips': {'Lady in the Water': 2.5, 'Snakes on a Plane': 3.0,
'Superman Returns': 3.5, 'The Night Listener': 4.0},
'Claudia Puig': {'Snakes on a Plane': 3.5, 'Just My Luck': 3.0,
'The Night Listener': 4.5, 'Superman Returns': 4.0,
'You, Me and Dupree': 2.5},
'Mick LaSalle': {'Lady in the Water': 3.0, 'Snakes on a Plane': 4.0,
'Just My Luck': 2.0, 'Superman Returns': 3.0, 'The Night Listener': 3.0,
'You, Me and Dupree': 2.0},
'Jack Matthews': {'Lady in the Water': 3.0, 'Snakes on a Plane': 4.0,
'The Night Listener': 3.0, 'Superman Returns': 5.0, 'You, Me and Dupree': 3.5},
'Toby': {'Snakes on a Plane':4.5,'You, Me and Dupree':1.0,'Superman Returns':4.0}}

#!/usr/bin/env python     # -*- coding: utf-8 -*-

from math import sqrt

def sim_d(perfer,person1,person2):
    si={}
    for item in perfer[person1]:
        if item in perfer[person2]:
            si[item]=1
    if len(si)==0:
        return 0
    sum = 0
```

图1-3-26   需要单击打开的文件

②再打开一个浏览器窗口,访问https://c.runoob.com/compile/9在线编译器,删除原先左边窗口中的内容,将刚才复制的内容粘贴进去。

③单击在线编译器窗口中的"点击运行"按钮运行后,在右边的窗格中,可以看到运行结果。在线编译器窗口如图1-3-27所示。

图1-3-27   在线编译窗口

实验结果说明:在实验过程中,通过计算皮尔逊相关系数(用于度量两个变量X和Y之间的线性相关,其值介于-1与1之间)来计算两个物品之间的相似度,并且将相似度按从大到小顺序排列,这样就得到了输出结果,其格式为[(相似度,电影名称)]。例如,本实验是以电影"The Night Listener"为输入数据,从右侧得到的结果可以看出,与"The Night Listener"相似度最高的电影是"Just My Luck",相似度为0.5556。得到这个结果后,那么系统就能向对电影"The Night Listener"有很高评分的用户推荐电影"Just My Luck"。

1.4 综合练习

一、单选题

1. 以下不是数字媒体类型的是_____。

   A. 静止媒体   B. 动态媒体   C. 连续媒体   D. 合成媒体

2. 关于半角文本比较大小，以下顺序正确的是_____。

   A. 大写字符 < 小写字符 < 阿拉伯数字 < 控制符 < 标点符号

   B. 控制符 < 标点符号 < 阿拉伯数字 < 小写字符 < 大写字符

   C. 控制符 < 标点符号 < 阿拉伯数字 < 大写字符 < 小写字符

   D. 大写字符 < 小写字符 < 阿拉伯数字 < 标点符号 < 控制符

3. 以下关于汉字编码的说法中正确的是_____。

   A. 汉字国标码是实际存储在计算机中表示汉字的编码

   B. 汉字区位码是实际存储在计算机中表示汉字的编码

   C. 拼音码属于汉字机内码

   D. 汉字区位码的每个字节增加80H后变成了国标码

4. 以下关于位图的说法中正确的是_____。

   A. 256色位图需要8位二进制存储一个像素

   B. 16色位图需要16位二进制存储一个像素

   C. 表示图像的色彩位数越少，图像质量越好，占的存储空间也越小

   D. 位图放大时，其像素数量会增加

5. 以下关于声音数字化的说法中错误的是_____。

   A. 声音数字化时，采样频率越高越好

   B. 采样得到的数据通常使用256位二进制进行量化

   C. 声音的采样量化指标越大，占的存储空间越大

   D. 只要采样量化指标足够高，数字化声音还原后可以与原先数字化前的数据完全一样

6. 以下关于计算机中动画与视频的说法中错误的是_____。

   A. 动画与视频一样，可以通过模拟视频转换得到

   B. 可以通过二维空间显示三维动画

   C. 视频的YUV包含了一个亮度信号和两个色度信号

   D. YUV信号可以通过模/数转换得到RGB信号

7. 以下不属于数字水印作用的是_____。

   A. 防伪   B. 美观

   C. 版权保护   D. 保护信息安全

8. 以下不属于衡量数据压缩编码方法优劣的指标的是_____。

    A. 压缩比   B. 解压速度   C. 算法复杂度   D. 是否有损

9. 以下属于流媒体技术的发展基础的关键技术是_____。

    A. 数据压缩与解压技术   B. 数据压缩与缓存技术

    C. 数据传输技术   D. 数据存储技术

10. 以下不属于数字媒体输入设备的是_____。

    A. 投影机   B. 鼠标   C. 扫描仪   D. 数字化仪

二、填空题

1. 能借助硬盘空间来扩大内存的操作系统技术是_____技术。

2. 自媒体属于_____应用。

3. 将各种数字媒体的处理分布在网络不同地方进行渲染的技术属于_____技术。

4. 通过计算机技术将虚拟的信息应用到真实世界，被称为_____技术。

5. 在进行3D打印之前，需要将自己设想的物品先在计算机中进行_____。

本章小结

第2章

数字声音

项目简介

声音是人类表达思想和情感的重要媒介。在数字媒体技术领域，声音主要表现为语音、声效、音乐等音频信号。人们平时在机场、高铁车站或者是商场总能听到甜美的语音播报。其实，其中有相当一部分采用了语音合成技术，惟妙惟肖的语音效果让人真伪难辨。还有车载语音导航系统、智能音箱等，给人们的生活带来了便捷和乐趣。手机端常备的百度翻译、有道翻译官等App已经能够提供语音到语音的即时翻译，为出国旅游和国际交流带来了巨大便利。影视剧、数字媒体作品或游戏中也使用了震撼人心的场景音效及充满磁性的语音对白。本章通过介绍数字声音的获取、处理方法及语音合成技术，让大家了解各个主流应用。

项目分解

通过本章学习，要求达到以下目标。

（1）掌握声音的录制方法。

（2）了解从视频中提取声音的方法。

（3）掌握合成语音的常用方法。

（4）了解合成音乐的制作方法。

（5）了解常用的音频压缩编码方法。

（6）熟悉声音格式及相互转换的方法。

（7）掌握声音的常用编辑方法。

（8）掌握添加音效的方法。

（9）了解语音识别的基本原理。

（10）能在日常生活和学习场景中自如地运用语音识别产品。

2.1　数字声音的获取

2.1.1　声音的获取

1. 通过麦克风录制声音

录音是声音编辑软件最基本的功能之一，这里利用 Adobe Audition 进行录音。在录音前先连接好麦克风（或电脑自带），设置好音量。录音时新建音频文件，设置采样率、声道、位深度（即采样精度）等参数，如图2-1-1所示。

图 2-1-1　新建音频文件

单击红色录音按钮进入录音状态。结束录音时可以再次单击录音按钮，如图2-1-2所示。

图 2-1-2　声音的录制

例2-1：用Adobe Audition 录制"你是人间四月天"（林徽因），并保存录制的语音文件。

（1）录音前的准备。

电脑连接麦克风设备（也可以是计算机内置的麦克风）。

鼠标右击Windows 10界面右下角系统托盘区中的扬声器图标，在弹出的快捷菜单中选择"声音"命令，打开"声音"对话框。

切换到"声音"对话框的"录制"选项卡，如图2-1-3所示。选择"麦克风阵列"设备，单击"属性"按钮进入"麦克风阵列属性"对话框，在其中的"级别"选项卡中设置麦克风阵列音量100，若具有麦克风加强设置则可按需调节，如图2-1-4所示。单击"确定"按钮完成设置并退出。

图2-1-3 选择音源

图2-1-4 设置音源参数

图2-1-5 设置音源的增强效果

【小贴士】如果"麦克风阵列属性"对话框有"增强"选项卡，如图2-1-5所示，则可以选进一步设置以增强录制效果。例如，回声消除（消除从扬声器传递到麦克风的声学回声）、按键声压制（压制键盘输入时产生的敲击噪声）、拾音束形成（增强语音信号，抑制噪声）等。可用的增强选项因声卡类型及其驱动程序的差异而有所不同。

（2）新建音频文件。

启动 Adobe Audition，选择"窗口/工作区/经典"菜单命令调整窗口布局，选择"文件/新建/音频文件"命令，打开"新建音频文件"对话框。

设置采样率44100 Hz，声道为立体声，位深度16位，单击"确定"按钮进入波形编辑视图。

（3）录制语音。

打开"配套资源/2/L2-1-1.txt"，内容为林徽因的诗词"你是人间四月天"。

【小贴士】为方便朗读和录音，可调整记事本窗口和Audition窗口的大小和位置，使它们平铺在屏幕上，如图2-1-6所示。

图2-1-6　打开需录制的文本

保持录制环境的安静，在波形编辑视图中，将播放头移到开始处，单击"传输"面板中的红色录音按钮进行录音。"传输"面板如图2-1-7所示。

图2-1-7　"传输"面板

【小贴士】建议先静音空录1~3 s，然后再录制语音。空录若干秒是为了在之后的声音降噪时提供足够的环境噪声样本。

继续朗读，当录音结束时，可以单击"传输"面板中的"停止"按钮，或再次单击"录音"按钮。

（4）保存声音文件。

选择"文件/另存为"菜单命令，在"存储为"对话框中设置所需要的保存位置，文件命名"LJG2-1-1.mp3"，格式为MP3音频，如图2-1-8所示。

在"存储为"对话框中，单击"格式设置"右侧的"更改"按组可进一步设置音频的比特率。比特率有恒定和可变两种类型，高比特率的音频有较高的品质，但需要较大的存储空间。

单击"确定"按钮，完成音频的保存。

图2-1-8　保存音频文件

2. 获取视频中的声音

（1）通过Adobe Audition获取视频中的声音。

Adobe Audition可以直接读取视频中的声音。启动Adobe Audition，切换到波形编辑视图，选择"文件/打开"命令，打开一个视频文件，可以看到文件加载的进程，Adobe Audition 同步进行声音的提取，如图2-1-9所示。

图2-1-9　Adobe Audition正在提取视频中的声音

值得一提的是，如果视频格式无法识别，则不能提取到其中的声音，建议先利用格式工厂等格式转换工具将视频转换为MP4等常用格式。图2-1-10是从视频中提取的声音波形。

图2-1-10　从视频中提取的声音波形

（2）通过录制立体声混音获取视频中的声音。

通常，录音的默认音源为"麦克风阵列"，只能用来录制从麦克风输入的声音。将录音的音源改为"立体声混音"就能获取视频中的声音。

启用立体声混音：右击任务栏托盘位置的扬声器图标，选择"声音"快捷命令，在出现的"声音"对话框中，切换到"录制"选项卡，可以看到系统中罗列的录制设备。如果此时"立体声混音"设备处于"已停用"状态，则右击"立体声混音"设备，在弹出的快捷菜单中选择"启用"命令，如图2-1-11所示。

图2-1-11　启用立体声混音

调节录音音量：在上述对话框中选择"立体声混音"设备，单击右下角"属性"按钮，进入"立体声混音属性"对话框，在其中的"级别"选项卡中设置级别为75。

在Adobe Audition中进行音频硬件设置：启动Adobe Audition，选择"编辑/首选项/音频硬件"命令。在弹出的"首选项"对话框中，选择左侧列表中的"音频硬件"，在右侧设置默认输入为"立体声混音"。

录制视频中的声音：选择"文件/新建/音频文件"命令，打开"新建音频文件"对话框，设置文件名、采样率、声道、位深度等参数，单击"确定"按钮进入波形编辑视图。切换到Windows中包含原始视频的文件夹，双击播放视频文件，并迅速单击Adobe Audition中的红色"录制"按钮，对视频中的声音进行录制。单击"停止"按钮结束录制，如图2-1-12所示。

图2-1-12 在Adobe Audition波形编辑视图完成录音

保存声音文件：选择"文件/另存为"命令，打开"存储为"对话框，设置文件名、位置、格式、采样类型等参数，单击"确定"按钮完成声音文件的保存。

(3) 通过格式工厂提取视频中的声音。

提取视频中的声音还有一种简便的方法，就是利用格式工厂软件直接将视频中的声音提取出来。步骤如下：启动格式工厂软件，在左侧列表中单击"音频"选项卡，选择其中的"->MP3"图标按钮，弹出"->MP3"对话框。单击对话框中的"添加文件"按钮，打开原始视频文件。再设置输出文件夹的位置。单击"确定"按钮后返回主界面，如图2-1-13所示。在主界面中单击"开始"按钮进行格式转换。

2-1-13 单击"开始"按钮提取视频中的声音

3. 虚拟变声

变声软件在视频配音和网络聊天中被广泛使用，它可以实现各种变声效果，甚至可以以假乱真。

Morph VOX Pro是一款超强的变声软件，包含男人、女人、小孩、机器人、小狗等多个可选的变音，可直接试听。如果不满意，还可以对音调、音色、合成音效等进行调节，并且可以选择背景声音来烘托气氛和营造环境。Morph VOX Pro提供现场录音（选择"文件/录制你的声音"命令），还可以对声音文件进行变声（选择"文件/变形一个文件"命令），帮助配音人员创建多种语音角色，节省时间和费用。比如在线教育中，可使用Morph VOX Pro让声音听上去符合人物设定，或一人扮演多个角色来讲述故事。Morph VOX Pro界面如图2-1-14所示。

图2-1-14 Morph VOX Pro界面

2.1.2 声音的合成

声音合成是指利用计算机技术来产生和输出声音，主要包括语音、音效和音乐等内容的合成。

1. TTS语音合成

语音合成技术可将文本转换为自然语音流，让机器开口说话。这里介绍一款名为"语音合成工具（TTS）"的实用软件（界面如图2-1-15所示），它提供了中英粤多语种发音，语速、音量、音调可调，支持国标一、二级汉字，自动识别中、英文，支持中英文混读，实现每分钟120～150个汉字的快速语音合成，朗读速度达每秒3～4个汉字，使用户可以听到清晰悦耳的音质和连贯流畅的语调。语音合成可运用于文字校对、新闻播报、语音导航、帮助有视觉障碍的人阅读计算机上的文字信息等，并常与声音识别一起使用。

图2-1-15 语音合成工具（TTS）界面

2. 在线语音合成

随着语音导航、新闻播报、智能音箱等强需求应用场景的出现，人们对语音合成技术寄予更大的期待。让机器拥有自然、有情感、高表现力的声音是语音合成技术的发展方向。在此背景下，在线语音合成云平台如雨后春笋，其中，国内最具代表性的平台是科大讯飞开放平台和百度AI开放平台。

科大讯飞开放平台提供在线语音合成有偿服务（http://peiyin.xunfei.cn/make/），它可将文本转换为流畅、清晰、自然和具有表现力的语音，超过了普通人的朗读水平。它可提供中、英文等多语种，粤、川、豫等多方言，男、女声多风格的选择，音量、语速、音调等参数也支持动态调节。它通过在线方式访问云端音库，合成效果出色。

百度AI开放平台提供出色的在线语音合成服务（https://ai.baidu.com/tech/speech/tts）。百度语音合成支持多种语言、多种音色。在语言方面，中文普通话、中英混读均可支持。在音色方面，有标准男声、标准女声、度逍遥（情感男声，比较适合读小说）、度丫丫（童声）等多种选择。此外，语速、音调、音量、音频码率也可根据用户需求进行设置。与传统意义上冰冷的机器模拟声效相比，百度的语音合成能够让应用拥有更甜美、更磁性的声音。图2-1-16所示是百度AI开放平台在线语音合成的功能演示区，允许输入200字以内的文本进行语音转换，并提供下载MP3格式的语音文件。

图2-1-16　百度AI开放平台在线语音合成

3. 合成音乐

音乐合成软件是一种能够将各种乐器音频进行转换合成的音乐合成工具，支持实时编辑及试听，主要应用于影视剧背景音乐、游戏音效、语音广告等的制作。这里介绍的是FL Studio（Fruity Loops Studio），是一个多功能的音乐录音合成软件。FL Studio提供音符编辑器，可以针对作曲者的要求编辑出不同音律的节奏，例如鼓、锣、钢琴、笛、大提琴、筝、扬琴等乐器的节奏律动。另外，FL Studio还提供音效编辑器，音效编辑器可以编辑出各类音效，例如，各类声音在特定音乐环境中所要展现出的高、低、长、短、延续、间断、颤动、爆发等特殊音效。FL Studio还提供方便快捷的音源输入，对于在音乐中所涉及的特殊乐器声音，只要通过简单外部录音后便可在FL Studio中方便调用。因此FL Studio具有丰富的编辑功能。FL Studio（12.5版）主界面如图2-1-17所示。

图2-1-17　FL Studio（12.5版）主界面

例2-2：制作背景音乐。

使用FL Studio软件，运用其MIDI编辑、鼓组编排、混音效果等基本功能，制作一段可以在多媒体作品（尤其是HTML5、Director放映机等交互式作品）中用作背景音乐的循环乐段（Loop）。

（1）建立工程并进行基本设置。

选择"File/New from template/Minimal/Empty"菜单命令，建立一个空白的新工程文件。在乐曲曲速设置栏 右击，选择"Type in value"，输入"92"确认 ，将乐曲曲速修改为每分钟92拍。

（2）素材的导入。

在资源管理器窗口中打开"Packs/Drums/Percussion"文件夹，从中选中"RD Tamb 2"打击乐器素材并拖曳到样式编辑窗口中"Sampler"下方的空白处将其导入。用同样的方法将同文件夹的"Grv Clap 06"素材导入。在导入的"Grv Clap 06"素材左侧的音轨控制区 中，右击音量控制钮（音轨控制区最右边的一个控制钮），选择"Type in value"，输入"0.6"，将音量设置为60%。

（3）鼓组编排。

在样式编辑窗口中已导入的"RD Tamb 2"上右击，选择"Fill each 4 steps"；再为"Grv Clap 06"选择"Fill each 8 steps"，之后按Ctrl + Shift组合键，按四下向右方向键后松开，将鼓点移至小节中的弱拍，效果如图2-1-18所示。

图2-1-18　样式编辑窗口中编排鼓组

切换到播放列表窗口，单击该窗口左上角的填充按钮　，在窗口中第一行第1小节到第4小节区域内拖曳鼠标，将刚刚编排好的鼓点填充到第一条音轨的开头4小节中，效果如图2-1-19所示。

图2-1-19　播放列表窗口中的第一条音轨

（4）旋律编写。

在样式编辑窗口中的"Sampler"上右击，选择"Replace/FL Keys"命令，调用FL软件自带的钢琴音色，并参考之前的方法，将其音量设为100%。单击工具栏中的样式指示器Pattern 1　右侧的加号，新建一个乐段样式。在样式编辑窗口中右击"FL Keys"，在快捷菜单中选择"Piano Roll"调出钢琴窗（MIDI编辑窗口），并如图2-1-20所示编写旋律（也可编写自己的旋律）。

将旋律添加到播放列表的第二条音轨，如图2-1-21所示。

图2-1-20　在钢琴窗编写旋律

图2-1-21　播放列表的两条音轨

（5）简单混音处理。

双击样式编辑窗口中"FL Keys"左侧的音轨指示器（图案），打开混音台。单击并选择混音台右侧的"Slot 1/Select/Fruity Reeverb 2"命令，加载FL混响器插件。在弹出的混响设置窗口右上角的预设选择器 处单击，选择"Large Hall"厅堂混响效果。

（6）生成音频文件。

选择"File/Export/MP3 file"菜单命令，选择文件名和保存位置后，在弹出窗口中进行设置，如图2-1-22所示。

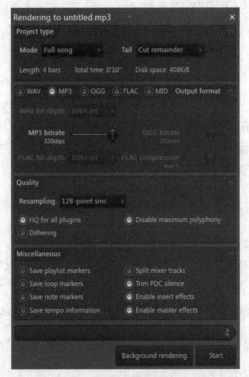

图2-1-22 保存音乐

单击"Start"按钮导出MP3文件，文件名为"LJG2-2-1.mp3"。最后选择"File/Save"命令，保存工程文件，取名"LJG2-2-1.flp"。

2.1.3 习题与实践

1. 简答题

（1）录制语音时先空录若干秒的作用是什么？

（2）简述从视频中获取声音的常用方法。你认为哪种方法最便捷？

（3）在线教育中虚拟变声软件如何发挥作用？

（4）语音合成技术可将文本转换为自然语音流，试说出三个以上语音合成技术的应用场景。

（5）简述百度 AI 开放平台在线语音合成服务的内容和特点。

2.实践题

（1）参照配套资源"SY2-1-1.txt"诗词的原文，使用 Adobe Audition 将其录制成语音文件"SYJG2-1-1.mp3"。

（2）提取配套资源视频"SY2-2-1.mp4"中的声音信息，保存为"SYJG2-2-1.mp3"。

（3）通过语音合成软件，或者在线语音合成，或者虚拟变声软件，将配套资源"SY2-3-1.txt"的内容以童声朗读。

2.2 数字化声音的处理

声音是人类表达思想和情感的重要媒介，是用于传送信息的媒体之一。在数字媒体技术领域，声音主要表现为语音、自然声和音乐等音频信号。数字化声音的处理技术是数字媒体技术的一个重要分支。

2.2.1 声音处理基础

1. 声音的物理特征

声音在物理学上被称为声波，是通过一定介质（如空气、水等）传播的一种连续振动的波，如图 2-2-1 所示。声音有三个重要的物理量，即振幅、周期和频率。振幅是波的高低幅度，表示声音的强弱；周期指两个相邻波之间的时间长度；频率（周期的倒数）指每秒振动的次数，以 Hz 为单位。

图 2-2-1 声音的物理特性

2. 声音的三要素

声音具有三个要素：音调、音强和音色。它们分别与声音的频率、振幅、波形等相关。

（1）音调。

音调与声音的频率有关，频率越快，音调越高。例如，20 Hz表示物体每秒振动20次所传播出的声波。并不是所有频率的声音信号都能够被人们感觉到，人的听觉范围为20～20 kHz，数字媒体技术主要研究的是这部分音频信息的使用，如图2-2-2所示。

图2-2-2　声音频带示意图

频率范围小于20 Hz的信号被称为次声波，这个范围内的信号人们一般感受不到。频率范围高于20 kHz的信号被称为超声波，超声波具有很强的方向性，并且可以形成波束，利用这种特性，人类发明了超声波探测仪、超声波焊接设备等。另外，人的发声器官可以发出频率为80～3400 Hz的声音，但人们平时说话的频率在300～3000 Hz。

（2）音强。

音强又称为响度，它取决于声音的振幅。振幅越大，声音就越响亮。

（3）音色。

在介绍音色之前，先介绍几个与音色有关的概念。

①纯音：一般的声音由几种正弦振动频率的波组成，若该声音只有一种正弦振动频率，就称作纯音。

②复音：由许多纯音组成，复音的频率用组成这个复音的最低纯音频率表示。一般的乐音都是复音。

③基音：是复音中频率最低部分的纯音。

④泛音：在一个复音中，除去基音外，其余的纯音都是泛音。

音色是由泛音决定的，每个声音都有其固有的基音和不同音强的泛音，因此每个声音都具有特殊的音色效果。比如，每个人讲话的声音不同，以及钢琴、提琴、笛子等各种乐器所发出的声音不同，都是由于音色不同造成的。

声音的传播是以声波形式进行的。由于人类的耳朵能够判别出声波到达左、右耳的相对时差、声音强度，因此能够判别出声音的来源方向。同时空间作用使声音来回反射，从而造成声音的特殊空间效果。这也正是人们在音乐厅与在广场上聆听音乐感觉效果不一样的原因之一。因此，现在的音响设备都在竭力模拟这种立体声和空间感效果。

3. 音频压缩编码技术

音频的编码是为了解决声音信息的大数据量存储和传输问题，国际上制定了许多相关标准，以规范数字音频的处理和传输。声音处理的基本过程包括采样、量化、编码压缩、编辑、存储、传输、解码、播放等环节。

音频数据压缩编码方法可分为无损压缩和有损压缩两大类。无损压缩主要包含各种熵编码（利用信源的统计特性进行码率压缩的编码，也称统计编码）；而有损压缩则可分为波形编码、参数编码、感知编码和同时利用多种技术的混合编码。图2-2-3给出了音频数据压缩编码的主要方法。

图2-2-3　音频数据压缩编码的主要方法

波形编码是在模拟声音数字化（采样和量化）的过程中，根据人耳的听觉特性进行编码，并使编码后的音频信号与原始信号的波形尽可能匹配，实现数据的压缩。

参数编码把音频信号表示成某种模型的输出，利用特征提取的方法抽取必要的模型参数和激励信号的信息，且对这些信息编码，最后在输出端合成原始信号。

混合编码介于波形编码和参数编码之间，集中了这两种方法的优点，可在较低的码率上得到较高的音质。

对经过压缩处理的数字声音，引入以下音频编码算法的数据压缩比来衡量压缩效果：

音频数据压缩比=压缩前的音频数据量 / 压缩后的音频数据量

4. 音频文件格式

音频（audio）是指频率在20 Hz～20 kHz范围内的可听声音。计算机中的音频主要有波形音频、CD音频和MIDI音乐等形式。常见的音频文件格式除了WAV，MID，MP3，WMA以外，还有RM，OGG，AAC，AIFF，FLAC等。

（1）WAV格式。

WAV是微软公司开发的一种声音文件格式，它符合RIFF（resource interchange file format）文件规范，用于保存Windows平台的音频信息资源，被Windows平台及其应用程序所广泛支持。由于 WAV 格式一般存放的是未经压缩处理的音频数据,所以所占存储空间相对较大(1 min 的 CD 音质的 WAV 文档需要 10 MB),不适合在网络上传播。

在 Windows 平台下,基于 PCM 编码的 WAV 格式常作为一种中介格式,用在其他编码的相互转换之中,例如 MP3 转换成 WMA 的过程中。

(2)MP3 格式。

MP3 格式诞生于 20 世纪 80 年代的德国,所谓 MP3,是指 MPEG(Moving Picture Expert Group,运动图像专家组,是国际标准化组织成员,专门制定 MPEG 压缩标准)标准中的音频部分,也就是 MPEG 音频层。MPEG 音频根据压缩质量和编码处理的不同可分为 3 层,分别对应 MP1,MP2,MP3 文件格式。

MPEG 音频文件的压缩是一种有损压缩,MP1 的压缩比为 4:1,MP2 的压缩比为 6:1~8:1,而 MP3 的压缩比则高达 10:1~12:1,能基本保持低音频部分不失真,用牺牲 12 kHz 到 16 kHz 这部分高音频的质量来换取文件尺寸的减小。相同时间长度的音乐文件,用 MP3 格式来储存,一般只有 WAV 文件的 1/10。

(3)MIDI 格式。

乐器数字接口标准 MIDI(musical instrument digital interface)是 20 世纪 80 年代初为解决电声乐器之间的通信问题而提出的。MIDI 文件是一种描述性的"音乐语言",它将所要演奏的乐曲信息用字节进行描述,如在某一时刻,使用什么乐器,以什么音符开始,以什么音调结束,加以什么伴奏,等等。也就是说 MIDI 文件本身并不包含波形数据,所以所占内存非常小。例如:一首 4 min 长度的 MIDI 乐曲容量只有 100 kB 左右,游戏、娱乐软件有很多使用了以 MID,RMI 为扩展名的 MIDI 格式音乐文件。

MIDI 文件的优点:比较小,因为 MIDI 文件存储的是命令,而不是声音波形;容易编辑,因为编辑命令比编辑声音波形要容易得多;可作为背景音乐播放,同时不影响其他波形音频的播放,实现音乐与语音同时输出。

(4)RealAudio 格式。

RealAudio 又称即时播音系统,由 Progressive Networks 公司开发,是一种流式音频(streaming audio)文件格式,它包含在 Real Media 中,主要用于在低速的广域网上实时传输音频信息。

Real 文件的格式主要有 RA(RealAudio),RM(real media,RealAudio G2),RMX(RealAudio Secured)等,这些格式的特点是可以随网络带宽的不同而改变声音的质量,但前提是让大多数人能听到流畅的声音。

(5)WMA 格式。

WMA(Windows Media Audio)格式是微软开发的,它是以减少数据流量,但保持音质的方法来达到比 MP3 压缩比更高的目的,压缩比一般可以达到 18:1 左右。WMA 格式文件的另一个优点是内容提供商可以通过 DRM(digital rights management)方案加入防拷贝保护。这种内置的版权保护技术可以限制播放时间、播放次数，甚至播放的机器等。

WMA支持音频流（audio stream）技术，适合在网络上在线播放。在Windows操作系统中，WMA是默认的音频编码格式。

（6）OGG格式。

OGG格式的全称是OGG vorbis，是一种音频压缩格式，是完全免费开放和无专利限制的。OGG音频文件可以不断地进行大小和音质的改良，而不影响原有的编码器或播放器。

MP3是有损压缩格式，因此压缩后的数据与标准的CD音乐相比是有损的。OGG也是有损压缩，但通过使用更加先进的声学模型去减少损失，因此数字音频在相同位速率（bit rate）编码情况下，OGG的音质比MP3音质更好一些。

（7）AAC格式。

AAC格式的全称是advanced audio coding，是一种基于MPEG-2的高级音频编码技术。由Fraunhofer IIS、杜比、苹果、AT&T、索尼等公司共同开发，以取代MP3格式。2000年MPEG-4标准出台，ACC重新整合了其特性，故又称MPEG-4 AAC，即M4A。

作为一种高压缩比的音频压缩算法，ACC的压缩比可达18∶1，远胜MP3。ACC格式支持1~48个音轨，支持多达15个低频音轨，具有多种采样率和比特率、多种语言的兼容能力及更高的解码效率。ACC格式在手机上的应用相对多一些，此外，电脑上很多音频播放软件都支持ACC格式，如苹果iTunes。

（8）AIFF格式。

AIFF格式是audio interchange file format的缩写，是Apple公司开发的一种数字音频交换文件格式，可以使用iTunes等软件工具来播放AIFF格式的文件。

AIFF是苹果电脑的标准音频格式，属于QuickTime技术的一部分。

（9）FLAC格式。

FLAC是free lossless audio codec的缩写，意为免费的无损音频压缩编码。不同于其他有损压缩编码（如MP3，AAC），FLAC不会破坏任何原有的音频信息，可以还原音乐光盘音质，已被很多软件及硬件音频产品（如汽车播放器和家中音响设备）所支持。

2.2.2　音频处理

数字声音的处理涉及内容、格式、效果等方面。内容处理主要是通过选择、裁剪、粘贴等操作，实现声音内容的拼接、剪辑等；格式处理主要是实现各种音频格式之间的格式转换；效果处理则是对声音施加各种特效，比如降噪、均衡、变调混响等，最终达成声音处理的目的。

随着数字媒体技术的发展，声音处理技术得到了广泛的应用，声音处理软件也层出不穷。常用的声音处理软件有Adobe Audition，Audacity，Gold Wave，Sonar等。本部分主要基于Adobe Audition CS6的功能展开介绍。

1. 混音

混音是将多音轨上的数字音频混合在一起，并输出混合后的声音。首先新建多轨混音项目，设置采样率、位深度和声道类型，如图2-2-4所示。

图2-2-4　新建多轨混音项目

在多轨编辑视图中插入多轨音频，如图2-2-5所示。经编辑后，选择"多轨混音/缩混为新文件/完整混音"菜单命令，混音后的音频出现在波形编辑视图中，如图2-2-6所示。

图2-2-5　多轨编辑视图

图2-2-6　波形编辑视图

例2-3：将给定的朗读语音和背景音乐合成为配乐朗诵。

（1）新建多轨混音项目。

启动Adobe Audition CS6，选择"文件/新建/多轨混音项目"菜单命令，打开"新建多轨混音"对话框。设置"采样率"为44100 Hz，"位深度"为16位，"主控"为立体声，如图2-2-7所示，单击"确定"按钮，进入多轨编辑视图。

图2-2-7　新建多轨混音项目

（2）插入多轨音频。

在轨道1中右击选择"插入/文件"快捷命令，导入配套资源"L2-3-1.mp3"，内容为朗诵徐志摩的诗"再别康桥"。在轨道2中插入配套资源中的背景音乐"L2-3-2.wma"。

拖动轨道1中的音频，使起始处与时间刻度第5秒处对齐；同理，轨道2中的音频起始处与时间刻度第0秒处对齐，如图2-2-8所示。

图2-2-8　插入多轨音频

【小贴士】查看音频的不同部分有两种常用方法，一种是用"缩放"面板中的"放大（时间）"工具，或"缩小（时间）"工具，另一种是水平拖动时间滑杆或拖动时间滑杆两端（时间滑杆位于所有轨道的上方），定位到所需要的时间片段。

（3）调整背景音乐长度。

在时间标尺2 min处，单击将播放头定位于此，如图2-2-9所示。在轨道2的第2分钟位置处右击，选择"拆分"快捷菜单命令，将背景音乐一分为二，选中分隔线右侧部分，按Delete键将其删除。

图2-2-9　拆分音频

（4）设置背景音乐淡入或淡出效果。

拖动轨道2波形开始处的"淡入"控制按钮，设置波形开始5 s的淡入线性值为27。

拖动轨道2波形末端的"淡出"控制按钮，设置波形最后12 s的淡出线性值为27，如图2-2-10所示。

图2-2-10　设置背景音乐淡出

【小贴士】水平拖动这两个控制按钮可以改变淡入或淡出的持续时间，随之拖动则可以改变淡入或淡出的变化速度。

（5）调整背景音乐的音量。

背景音乐的音量太高会破坏朗读效果，可以将其调低。右击轨道2中的波形（注意不要右击水平方向的黄色音量包络线和蓝色声像包络线）选择"匹配素材音量"快捷菜单命令，打开"匹配素材音量"对话框。

"匹配素材音量为："设为响度，"目标音量"设为 −30.0 dB，如图2-2-11所示。单击"确定"按钮完成背景音乐的音量设置。

图2-2-11　调整背景音乐的音量

（6）缩混到新文件。

在多轨编辑视图中任意波形上右击，选择"导出缩混/完成混音"快捷菜单命令，打开"导出多轨缩混"对话框。

格式设为 MP3，文件名为"配乐朗诵.mp3"，设置相应的保存位置。

单击"确定"按钮完成缩混，如图 2-2-12 所示。

图 2-2-12　导出缩混文件

2. 声音的编辑

声音的编辑操作包括声音的淡入淡出、声音的复制和剪辑、音调调整、播放速度调整。淡入是指音量由弱变强的过程，对上图中的波形进行淡入操作时的画面如图 2-2-13 所示。

图 2-2-13　音频淡入操作

水平方向拖动波形左端的淡入控制块，可以设定音频淡入的时间范围；垂直方向拖动淡入控制块可以设定淡入线性值（音量渐变的方式）；同理，拖动波形右端的淡出控制块可完成淡出的操作。

3. 音效处理

Audition自带了几十种效果器，还可以添加更多的VST（virtual studio technology）音效插件。常用的音效处理包括振幅与压限、延迟与回声、波形与均衡、调制、降噪、混响、立体声声像、时间与变调等。

例如，图2-2-14所示的是原始声音的波形，可以对其进行各种音效处理。

图2-2-14　原始声音的波形

（1）振幅与压限。

对原始声音执行"效果/振幅与压限/淡化包络/贝尔曲线"菜单命令后的波形如图2-2-15所示。可以看出声音的振幅随着时间的推移逐渐衰弱。

图2-2-15　音频的振幅与压限

（2）延迟与回声。

对原始声音执行"效果/延迟与回声/回声/危险老科幻题材入侵氛围"菜单命令后的波形如图2-2-16所示。通常延迟效果用于产生单个回声及大量其他效果；回声效果则可向声音中添加一系列重复的衰减回声，创建从大峡谷类型的"Hello ello lo o"到金属的水管叮当声等各种效果。

图2-2-16　回声特效

（3）波形与均衡。

对原始声音执行"效果/波形与均衡/图示均衡器（30段）/目标-家庭影院"菜单命令后的波形如图2-2-17所示。均衡就是调整各频段信号的增益值，对声音进行针对性优化，强化人们的临场感。"图示均衡器"使用预设频段进行快速简单的均衡，频段越少，调整就越快；频段越多，则精度越高。

图 2-2-17 家庭影院特效

（4）调制和声。

对原始声音执行"效果/调制/和声/10个声音"菜单命令后的波形如图2-2-18所示。和声可一次模拟多个语音和乐器，增强人声音轨或为单声道声音添加立体声空间感。

图 2-2-18 和声特效

（5）降噪。

对原始声音执行"效果/降噪/消除嘶嘶声"菜单命令后的波形如图2-2-19所示。降噪效果可显著降低背景和宽频噪声，并且尽可能不影响信号品质。

图 2-2-19 消除嘶嘶声

例2-4：对录音的语音进行降噪处理，消除环境噪声。

第一步，选定环境噪声。启动 Adobe Audition，选择"视图/波形编辑器"菜单命令进入波形编辑视图，选择"文件/打开"命令，打开配套资源"L2-4-1.mp3"。使用"缩放"面板的"放大（时间）"工具 和"放大（振幅）"工具 调整波形文件，使音频前端的环境噪声部分清晰可见。选择前端的噪声，准备对其采样，如图2-2-20所示。

图2-2-20 选取音频前端的环境噪声

第二步，采样环境噪声，获取噪声样本。选择"效果/降噪（N）/恢复/降噪（N）
（处理）"菜单命令，打开"效果-降噪"对话框，单击左上角"捕捉噪声样本"按钮，
对所选噪声进行采样。采样完成效果如图2-2-21所示。

图2-2-21 降噪处理

第三步，降噪。根据"效果-降噪"对话框中的"选择完整文件"按钮，此时波形
编辑器窗口中当前音频被整体选中，再单击"应用"按钮完成降噪，降噪后的波形如图

2-2-22 所示。对比原来的波形，发现所有噪声处的振幅归零或变小，环境噪声已基本消除。最后将音频另存为"LJG2-4-1.mp3"。

图 2-2-22　降噪后的声音波形

（6）混响。

对原始声音执行"效果/混响/室内混响/大厅"菜单命令后的波形如图 2-2-23 所示。回响效果可以用来模拟各种声学空间环境。

图 2-2-23　混响特效

（7）人声移除。

对原始声音执行"效果/立体声声像/中置声道提取/人声移除"菜单命令后的波形如图 2-2-24 所示。"中置声道提取"效果可保持或删除左右声道共有的频率，即中置声场的声音。"人声移除"效果可以消除人声的音量，创建卡拉 OK 伴奏音效果。

图 2-2-24　人声移除

例 2-5：消除歌曲中的人声，提取伴奏音。

第一步，打开需要消除人声的音频。在 Adobe Audition 的波形编辑视图中打开配套资源"L2-5-1.mp3"，波形如图 2-2-25 所示，可以先播放音频，听到声音中包含清晰的演唱和伴奏音。双击音频波形可以进行全选。

图2-2-25　含人声的声音波形

第二步，人声移除。选择"效果/立体声声像/中置声道提取"命令，打开"效果-中置声道提取"对话框。"预设"参数设为"人声移除"，"提取"设置为"中置"，单击下方的"试听"按钮感受效果（也可微调其他选项，但建议保持默认值）。单击"应用"按钮，完成消除人声的处理，如图2-2-26所示。

图2-2-26　人声移除操作

人声移除后，再播放一遍音频，只剩下清晰的伴奏音。消除人声后的伴奏音波形如图2-2-27所示。最后将音频保存为"LJG2-511.mp3"。

图2-2-27　消除人声后的伴奏音波形

（8）变调。

对原始声音执行"效果/时间与变调/伸缩与变调/氦气"菜单命令后的波形如图2-2-28所示。伸缩与变调效果可以随着时间改变节奏，从而改变音调。

图 2-2-28　变调特效

4. 声音的压缩

Adobe Audition可以将声音文件压缩并另存为MP3，OGG，AIFF等格式，可按需设置声音的音质，如图2-2-29所示。

图 2-2-29　音频的压缩保存

5. 视频配音

Adobe Audition不仅能编辑声音文件，还能在多轨编辑视图中导入视频，与声音文件同步播放，方便用户为视频配音，如图2-2-30所示。

图 2-2-30　为视频配音

数字媒体技术

2.2.3 习题与实践

1. 简答题

（1）简述声音的三要素及其含义。

（2）数字媒体技术主要处理的声音频率范围是多少？该频率范围与人类语音的频率范围是什么关系？

（3）简述声音的有损压缩主要采用哪些压缩编码技术。

（4）数字音频在相同位速率编码情况下，MP3格式与OGG格式的音质哪一个更好一些？说出理由。

（5）在Adobe Audition多轨编辑视图中，如何快速设置声音的淡入、淡出效果？

（6）Adobe Audition有哪些常用的音效处理方法？"均衡"音效有什么作用？

2. 实践题

（1）打开配套资源"SY2-4-1.txt"，内容为唐代大诗人王维的作品《山居秋暝》，用Adobe Audition录制朗诵，再进行降噪处理，消除环境噪声，保存为"XYJG-2-4-1.mp3"。

（2）打开配套资源"SY2-5-1.mp3"，尝试消除其中的原唱。将伴奏音保存为"SIJG2-5-1.mp3"。

（3）将录制的古诗《山居秋暝》的语音与配套资源背景音乐"SY2-6-1.wma"合成配乐诗朗诵，实现背景音乐淡入淡出，保存为"SIJG2-6-1.mp3"。

2.3 语音识别技术

2.3.1 语音识别的基本原理

语音识别技术也被称为自动语音识别（automatic speech recognition，ASR），其目标是让机器能够"听懂"人类的语音，将人类的语音数据转化为可读的文字信息。语音识别技术所涉及领域包括信号处理、模式识别、概率论和信息论、发声机理和听觉机理、人工智能等。

语音识别系统主要包含特征提取、声学模型、语言模型及字典与解码四部分，其中为了更有效地提取特征，往往还需要对所采集到的声音信号进行滤波、分帧等预处理，把要分析的信号从原始信号中提取出来；之后，特征提取工作将声音信号从时域转换到频域，为声学模型提供合适的特征向量；声学模型中再根据声学特征计算每一个特征向量在声学特征上的得分，而语言模型则根据语言学相关的理论，计算该声音信号对应可能词组序列的概率，最后根据已有的字典，对词组序列进行解码，得到最后可能的文本表示。语音识别的基本原理如图2-3-1所示。

图 2-3-1 语音识别的基本原理

2.3.2 语音识别技术的发展

早在20世纪50年代,贝尔实验室就已经开始了对语音识别的研究。当时的研究主要是简单的孤立词语音识别。例如,1952年贝尔实验室采用模拟电子器件实现了针对特定说话人的10个英文数字的孤立词语音识别系统。该系统提取每个数字发音的元音的共振峰特征,然后采用简单的模板匹配的方法进行针对特定人的孤立数字识别。

20世纪60年代,三个关键技术的出现奠定了语音识别技术发展的基础。首先是针对语音时长不一致的问题,来自RCA实验室的Martin提出了一种时间规整的机制,可以有效降低时长不一致对识别得分计算的影响。其次是来自苏联的Vintsyuk提出采用动态规划算法实现动态时间规整(dynamic time warping,DTW),DTW可以有效解决两个不同长度的语音片段的相似度度量,一度成为语音识别的主流技术。最后是来自卡内基梅隆大学的Reddy利用音素动态跟踪的方法进行连续语音识别的开创性工作。这三项研究工作对于此后几十年语音识别的发展都起到了关键作用。虽然语音识别在60年代获得了长足的发展,但是人们认为实现真正实用的语音识别依旧非常困难。

20世纪70年代,语音识别技术进入了快速发展时期。模式识别思想、动态规划算法和线性预测编码等关键技术被引入语音识别中。这些技术的成功使用使得孤立词语音识别系统从理论上得以完善,并且可以满足实用的标准。此后,语音识别研究人员将目光投向了更具有实用价值也更加具有挑战性的连续语音识别问题。

20世纪80年代,语音识别技术取得关键性突破。基于隐马尔科夫模型(Hidden Markov Model,HMM)的统计分析声学建模和基于N.Gram的语言模型被应用于语音识别。这一时期,语音识别开始从孤立词识别系统向大词汇量连续语音识别系统发展,语音识别开始从基于简单的模板匹配方法转向基于概率统计建模的方法。此后统计建模的框架一直沿用到今天。

20世纪90年代,语音识别技术基本成熟,基于GMM-HMM的语音识别框架得到广泛使用和研究。这一时期,语音识别声学模型的区分性训练准则和模型自适应方法的提出,使得语音识别系统的性能获得极大的提升。

进入21纪的头10年,基于GMM-HMM语言识别框架已经趋于完善,区分性训练和模型自适应技术也得到了深入的研究。在这一阶段，语音识别开始从标准的朗读对话转向更加困难的日常交流，包括电话通话、广播新闻、会议、日常对话等。但是基于GMM-HMM的语音识别系统在这些任务上表现却不太理想，语音识别系统的错误率很高，远远达不到实用化的需求。语音识别的研究陷入了一个瓶颈期。

神经网络的重新兴起引起语音识别技术再次突破。2006年，Hinton提出使用深度置信网络（deep belief networks，DBN）初始化神经网络，使得训练深层的神经网络变得容易，从而掀起了深度学习（deep leaning，DL）的浪潮。2009年，Hinton及他的学生D.Mohamed将深层神经网络应用于语音的声学建模，在音素识别TIMIT任务上获得成功。但是TIMIT是一个小词汇的数据库，而且连续语音识别任务更加关注的是词甚至句子的正确率。深度学习在语音识别真正的突破要归功于俞栋、邓力等在2011年提出来的基于上下文相关（context dependent，CD）的深度神经网络和隐马尔可夫模型（CDDNN-HMM）的声学模型。CDDNN-HMM在大词汇量连续语音识别任务上相比于传统的GMM-HMM系统获得了显著的性能提升。比如，微软英语语音识别词错率降到了5.9%，并且已经推向了商业应用。

目前的智能语音识别还存在很大的提升空间。西雅图人工智能研究室负责人俞栋在"语音识别领域的前沿研究"的演讲中探讨分享了语音识别领域的四个发展方向。

方向一：更有效的序列到序列直接转换的模型。语音识别实际上是把语音信号的序列转化为文字或词的序列，所以很多人认为要解决这个问题，只要找到一个行之有效、序列到序列的转换模型就可以了。

方向二："鸡尾酒会"问题。在安静环境下的语音识别系统已经接近了人类的水平，但在强噪声环境中还很难达到实用化要求。对于人类的听觉系统则有一种"鸡尾酒会效应"，在具有背景噪声干扰的情况下，可以将注意力集中在某一个人的谈话之中，而目前语音识别系统还很难实现这种人类听觉系统的功能，未来通过对大脑的进一步研究可能会得到启发。

方向三：持续预测与适应的模型。目前的语音识别普遍还是仅仅将语音与文本做简单的匹配从而进行识别，而对于语言中信息的关联利用非常不足。在语音识别领域，未来可以建造一个能够持续作预测的系统，并根据已有识别结果来优化后续的识别效果。

方向四：前后端联合优化。因为前端信号处理有可能丢失信息，且不可在后端恢复，而运用机器学习技术可以把前端的信号处理与后端的语音识别引擎整合、优化，使得前端可以比较少地丢失信息，从而在后端把这些信息更好地利用起来，提高语音识别的准确度。

2.3.3　语音识别技术的应用

语音识别技术的应用包括语音拨号、室内设备控制、语音文档检索、简单的听写数据录入等。语音识别技术与其他自然语言处理技术（如机器翻译及语音合成技术）相结合，可以实现语音到语音的翻译，典型应用有 Google Translate、百度翻译、有道翻译官等。

在电话与通信系统中，智能语音接口正在把电话机从一个单纯的服务工具变成一个服务的"提供者"和生活"伙伴"；使用电话与通信网络，人们可以通过语音命令方便地从远端的数据库系统中查询与提取有关的信息；随着计算机的小型化，键盘已经成为移动平台的一个很大障碍，想象一下如果手机仅仅只有一块手表那么大，再用键盘进行拨号操作已经是不可能的。语音识别正逐步成为信息技术中实现人机接口的关键技术，语音识别技术与语音合成技术结合使人们能够甩掉键盘，通过语音命令进行操作。语音技术应用产业已经成为一个具有竞争性的新兴高技术产业。

可以预测，在未来十年内语音识别系统的应用将更加广泛。各种各样的语音识别系统产品将出现在市场上，人们也将调整自己的说话方式以适应各种各样的识别系统。在短期内还不可能造出具有和人相比拟的语音识别系统，要建成这样一个系统仍然是人类面临的一个大的挑战，现如今只能朝着改进语音识别系统的方向继续前进。至于什么时候可以建立一个像人一样完善的语音识别系统则是很难预测的。

2.3.4 习题与实践

1. 简答题

（1）简述语音识别系统的基本构成及各部分的主要功能。

（2）简述进入20世纪后语音识别技术取得了哪些突破。

（3）要实现语音到语音的翻译，需要哪些关键技术？

2. 实践题

（1）在手机端下载百度翻译、有道翻译官等 App，感受语音翻译的便捷。

（2）进入讯飞开放平台语音听写体验区（https://www.xfyun.cn/services/voicedictation），如图 2-3-2 所示。选择语种或方言后，单击"开始识别"按钮，对着麦克风说话，右侧的识别区出现文字，充分体验语音听写的乐趣。

图 2-3-2　讯飞开放平台语音听写

（3）用搜索引擎查找"迅捷文字转语音"软件，双击运行软件，在软件左侧列表选择"录音转文字"功能：拖曳"配套资源/2/SY2-7-1.mp3"到软件界面转换区，或单击"选择文件"按钮打开语音文件。设置保存路径后，单击"开始转换"按钮，转换后得到与语音文件同名的文本文件，如图2-3-3所示。

图2-3-3　迅捷语音转文字软件

2.4　综合练习

一、单选题

1. 立体声双声道采样频率为44.1 kHz，量化位数为8位，在未经压缩情况下，1 min这样的音乐所需要的存储量可按_____公式计算。

   A. $44.1 \times 1000 \times 16 \times 2 \times 60/8$ B　　　　　B. $44.1 \times 1000 \times 8 \times 2 \times 60/16$ B

   C. $44.1 \times 1000 \times 8 \times 2 \times 60/8$ B　　　　　D. $44.1 \times 1000 \times 16 \times 2 \times 60/16$ B

2. 以下文件类型中，_____不是计算机中使用的声音文件格式。

   A. WAV　　　　　　B. MP3　　　　　　C. TIF　　　　　　D. MID

3. 录制立体声混音可以获取_____的声音。

   A. 麦克风　　　　　B. 数字乐器　　　　C. 左声道和右声道　　D. 以上全部

4. 以下软件中，不能用来获取视频中的声音的是_____。

   A. 格式工厂　　　　　　　　　　　B. Hyper Snap

   C. Adobe Audition　　　　　　　　D. Adobe Premiere

5. 帮助有视觉障碍的人阅读计算机上的文字信息，主要是使用了_____技术。

   A. 语音识别　　　　B. 自然语言理解　　C. 增强现实　　　　D. 语音合成

6. 声音具有三个要素：音调、_____、音色。

A. 音强　　　　　　　　B. 音效　　　　　　　　C. 频率　　　　　　　　D. 波形

7. Huffman编码、脉码调制、线性预测编码、行程编码都是常用的音频压编编码方案，这四种编码中有_____种属于无损压缩的编码。

A. 1　　　　　　　　　B. 2　　　　　　　　　C. 3　　　　　　　　　D. 4

8. 用于调整各频段信号的增益值，对声音进行针对性优化的音效处理方法是_____。

A. 均衡　　　　　　　　B. 回声　　　　　　　　C. 压限　　　　　　　　D. 延迟

9. 语音识别系统主要包含特征提取、_____、语言模型及字典与解码四部分。

A. 预处理　　　　　　　B. 概率计算　　　　　　C. 声学模型　　　　　　D. 识别词组

10. 语音识别技术与_____及语音合成技术相结合，可以实现语音到语音的翻译。

A. 语音检索　　　　　　B. 特征分析　　　　　　C. 语音库　　　　　　　D. 机器翻译

二、填空题

1. 虚拟变声主要通过调节_____、音色及添加音效来实现语音的变声。

2. 人的听觉范围为20 Hz到_____Hz，数字媒体技术主要研究这部分音频信息的使用。

3. 音频数据压缩编码方法中的Huffman编码属于_____压缩。

4. 运用_____技术可以帮助有视觉障碍的人阅读计算机上的文字信息。

5. _____技术让人们甩掉键盘，通过语音命令进行操作。

本章小结

第 3 章

数字图像

图形、图像是多媒体的重要组成元素，据统计，人类获取信息的70%来自视觉系统，其中最重要的来源就是图形、图像。本章主要介绍图像数字化的原理与常用方法，数字图形、图像的相关基本概念，用主流的图像处理软件进行图像处理的基本方法，以及图像识别、计算机视觉等技术的发展前景。

项目分解

通过本章学习，要求达到以下目标：

（1）能说出图像的数字化及数字化图像的获取方法。

（2）能说出图像和图形的区别。

（3）能理解图像的色彩空间模型，并能说出它们的区别。

（4）对常用的数字图形、图像文件的格式有所了解，并知道如何使用它们。

（5）能说出图像处理的主要方法及常用工具。

（6）比较熟练地掌握图像处理的基本知识、方法和技巧，解决图像处理中的一般综合问题，培养分析问题和解决问题的能力。

（7）在图像处理方面，针对以下知识点和技能点，应具备一定的灵活应用能力：

① 选区的创建与调整；

②选区填充和描边；

③文字及文字特效和渐变；

④图像调整；

⑤图层基本操作；

⑥图层样式和图层混合模式；

⑦蒙版；

⑧滤镜。

（8）能说出通道在图像处理中的作用。

（9）能说出计算机图像识别与图像检索的基本原理与应用领域。

（10）能说出什么是计算机视觉，并了解其应用领域。

3.1　图像的数字化

图像是一种模拟信号。所谓数字化图像，就是将图像上每个点的信息按某种规律（模拟/数字转换）编成一系列二进制数码（0和1），用数码来表示图像信息。这种用二进制数码表示的图像信息可以存储在磁盘、光盘等存储设备里，形成数字图像文件，不仅可以不失真地进行通信传输，还可以使用计算机相关软件进一步加工处理。

图像数字化的手段主要有扫描、数字摄影、计算机绘图、视频捕捉、网络下载等。

3.1.1　扫描获取数字图像

扫描仪是一种比较成熟的数字图像的获取设备，能够将照片、图书上的文字或图片甚至实物信息获取下来，并以图像文件的形式保存在计算机的存储器中。通过将光源照射到被扫描的材料上，利用CCD（charge coupled device，电耦合元件，详细见3.1.2数码相机获取数字图像）对得到的光信号进行光电转换，即可获得相应的数字图像。

分辨率是扫描仪的重要技术指标。市面上看到的扫描仪的分辨率一般指的是光学分辨率。也有的扫描仪号称分辨率很高，但其实是通过软件插值获得的。从用户角度而言，应该关注的是扫描仪的光学分辨率。分辨率越高，扫描出的图像也越清晰。一般来说，每英寸[①]300点的分辨率就已经足够了。

3.1.2　数码相机获取数字图像

传统相机使用"胶卷"作为记录信息的载体，而与传统相机相比，数码相机的"胶

---

① 英寸为非法定计量单位，1英寸＝2.54 cm，此处使用为便于读者理解，使行文更为顺畅，下同。——编者注

卷"就是其核心成像部件——成像感光器件。感光器是数码相机的核心，也是最关键的技术。目前数码相机的核心成像部件有两种：一种是广泛使用的CCD（电荷耦合），另一种是CMOS（互补金属氧化物半导体）器件。值得一提的是，由于CMOS传感器具有便于大规模生产，且速度快、成本低的特点，在质量上也逐渐接近了CCD的成像质量，因此目前有逐渐取代CCD感光器的趋势，并有望在不久的将来成为主流感光器。

数码相机的成像原理：CCD由数千个独立的光敏元件组成，这些光敏元件排列成与取景器相对应的矩阵。外界景象所反射的光透过镜头照射在CCD上，并被转换成电荷，每个元件上的电荷量取决于该元件所受到的光照强度。当按下数码相机的快门时，CCD将各个元件的信息传送到一个模/数转换器上，模/数转换器将所拍摄的画面以数字形式编码后保存在其内部的存储器中，这些存储下来的信息以后可以通过计算机的通信口传送到硬盘上。数码相机成像原理如图3-1-1所示。

图3-1-1　数码相机成像原理

图像分辨率是数码相机的一个重要技术指标，单位为像素。目前比较常见的有1600像素×1200像素和2048像素×1536像素。在每组数字中，前者为图片宽度，后者为图片的高度，两者相乘得出的是图片的像素总数，宽高比一般为4∶3。大多数数码相机都可以选择不同的分辨率拍摄图像，分辨率越小，图像的像素数越少，图像占用的存储空间也越小。在实际应用中，高分辨率的数字图像可用于大幅画面的输出。

3.1.3　通过绘图软件绘制数字图像

使用Photoshop，CorelDRAW，Illustrator，3ds Max等软件可以直接创建图形图像。计算机绘图具有诸多优点：效率高、干净环保、容易修改、便于复制等。图3-1-2主要是借助CorelDRAW的调和工具，通过调和群组设计制作的烟花爆炸效果；图3-1-3是使用3ds Max软件设计制作的蜡烛效果。

图 3-1-2　烟花效果

图 3-1-3　蜡烛效果

3.1.4　通过视频捕捉卡从视频中捕获数字图像

通过视频捕捉卡采集视频图像帧或静止画面也可以产生数字图像。这种方法简单灵活，只是所获取的图像质量一般，很难与扫描的图像或数码相机拍摄的图像相比。

视频捕捉卡的一般安装方法如下。

（1）关闭计算机电源，打开机箱。将视频采集卡插入主板的一个空的 PCI 插槽上，并用螺丝固定在机箱上。

（2）将摄像头的信号线连接到视频采集卡上。

（3）安装视频采集卡驱动程序、MPEG 编码器、解码器等软件。

（4）重新启动计算机，就可以使用视频采集卡采集视频静帧图像了。

也可以购买具有 USB 接口的视频采集卡来从视频中捕捉数字图像。

3.1.5　通过网络下载数字图像

在网络上下载也是常用的数字图像获取方法，除了免费的图片网站之外，从其他渠道下载的图片要注意不要用于商业活动，以免引起版权纠纷。

从网上下载图片的常用方法如下。

（1）在网页上搜索到要下载的图片，在图片上右击，通过选择右键菜单中的"另存为"命令，将图片保存到存储器中。

（2）在网页上搜索到要下载的图片，在图片上右击，从右键菜单中选择"使用××下载"（如"使用迅雷下载"）命令，按提示操作以将图片下载到存储器中。

3.1.6　通过软件截屏获取数字图像

手机软件中一般都有截屏工具，用于将手机某一屏幕画面以图像形式存储在计算机上，可以通过 PrtSc（PrintScreen）键将整个屏幕复制到剪贴板，或通过 Alt+PrtSc 组合键将当前窗口复制到剪贴板，然后粘贴到画图等工具中保存为图像。除此以外，还有许多用于截取屏幕画面的软件工具，图3-1-4所示为Windows中的"截图工具"，图3-1-5所示为通过"360软件管家"找到的多种截图工具，可以选择合适的尝试使用。

图3-1-4　Windows中的"截图工具"

图3-1-5　通过"360软件管家"找到的截图工具

3.1.7　习题与实践

1. 简答题

（1）使用截屏软件截取的数字图像的分辨率由哪方面决定？

（2）视频捕捉卡、数码相机、显示器、扫描仪这四种设备中，哪种设备不能用于获取数字图像？

（3）数码相机拍摄的照片是怎样数字化并进行存储的？

（4）使用每英寸300点的扫描分辨率扫描一幅3英寸×4英寸的彩色图像，使用24位真彩色格式，未压缩图像的数据量约多少字节？

2. 实践题

（1）分别用下列方法获取图像。

①用手机拍摄一张照片，并传送到计算机中。

②用 Alt+PrtScr 组合键将计算机屏幕上的画面进行截取，并保存到计算机中。

③打开一个网页，将感兴趣的图像下载到计算机中。

④运行"画图"程序，绘制一幅图像并保存到计算机中。

⑤使用 Windows 截图工具，将屏幕的左上角四分之一画面截图保存。

（2）在百度上找一幅花的图片，使用屏幕截图的方法截图并保存为 BMP 格式，用"画图"程序打开该图像，分别用单色 BMP 格式、JPEG 格式、GIF 格式和 PNG 格式进行保存，并观察这些文件的画质及文件大小。

3.2　图像处理基础

3.2.1　色彩空间模型

色彩空间模型是计算机表示、模拟和描述图像色彩的方法，也称色彩（色调）模型。常用的色彩空间模型有 RGB 模型、CMIYK 模型、Lab 模型和 HSB 模型等。

1. RGB 模型

RGB 模型是根据人眼锥体接收光线的方法来构造的色彩模型。自然界中任何一种色光都可用红（R）、绿（G）、蓝（B）三种原色光按不同比例和强度混合产生。RGB 模型的图像中，每一种颜色都由红、绿、蓝三种原色成分组成，其颜色值可用 RGB（r，g，b）的形式表示。其中，r、g、b 分别表示红、绿、蓝色分量，取值范围都是 0～255。0 表示不含某种原色，255 表示这种原色的混合强度最大。比如，RGB（0，0，0）表示黑色，RGB（255，255，255）表示白色，RGB（255，0，0）表示纯红色，等等。由于每种原色均有 256 个等级的属性定义值，三种原色叠加可生成 $256 \times 256 \times 256 = 2^8 \times 2^8 \times 2^8 = 2^{24} = 16$ M 种颜色，所以自然界里肉眼能够分辨出的各种颜色都可以表示出来。因此 RGB 模型属于真彩模型。

RGB 模型的图像一般比较鲜艳，适用于显示器、电视屏等可以自身发射并混合红、绿、蓝三种光线的设备。RGB 模型是一种正混合的色彩模型。

2. CMYK 模型

CMYK 模型主要用于印刷和打印。其中，C，M，Y，K 分别表示青（cyan）、洋红（magenta）、黄（yellow）、黑（black）四种油墨颜色。理论上，纯青色（C）、洋红（M）和黄色（Y）色素合成后可以产生黑色，但由于所有印刷油墨都包含一些杂质，因此这三种油墨实际混合后并不能产生纯黑色或纯灰色，必须与黑色（K）油墨合成后才能形成真正的黑色或灰色。因此，在印刷时必须加上黑色。为避免与蓝色（B）混淆，黑色用 K 表示。这就是 CMYK 模式的由来。

在印刷或打印图形图像时，青、洋红、黄、黑四种颜色（色液或色粉）呈现在介质（纸或其他介质）表面上，颜料（矿物或有机物）本身会吸收一部分光线，其他未被吸收的光线则被反射回来，被人眼所接收（颜料自身不会发射光线）。因此通过四色混合可以产生印刷可见光谱中的大多数颜色。CMYK模型是一种负混合的色彩模型。

3. Lab模型

Lab模型由国际照明委员会（CIE）制定，与设备无关，不管使用何种设备（如显示器、打印机、计算机或扫描仪）创建或输出图像，该模型都能生成一致的颜色。

Lab模型使用亮度分量L（luminance）和色度分量a（从绿色到红色）、b（蓝色到黄色）三个分量表示色彩。Lab模型所能表达的色彩范围比 RGB 模型和 CMYK模型都要宽。

例如，在使用Photoshop的海绵工具对图3-2-1所示的图像（黑色背景下的建筑）进行加色处理时，在RGB模型或CMYK模型下会得到类似如图3-2-2（a）所示的效果（出现颜色结块现象，过渡不细腻），而在Lab模型下会得到如图3-2-2（b）所示的效果（色彩过渡细腻自然）。

图3-2-1　原素材图像

（a）　　　　　　　　　　　　　　　　（b）

图3-2-2　加色处理效果

4. HSB 模型

HSB模型最符合人的眼睛所看到的色彩空间，是模拟人眼感知色彩的一种方法。HSB模型描述色彩比较自然，但在实际应用中需进行转换，如显示时需转换成RGB模型，打印时要转换为CMYK模型。HSB模型采用色相（hue）、饱和度（saturation）、亮度（brightness）来描述一种颜色，其中H为光谱中的单色（纯色）等级值，S为颜色纯度的等级值，B为颜色亮度等级值。

由于HSB模型以人的视觉对色彩的感受为基础，因此成为美术和设计工作者比较喜欢采用的一种色彩模型。

3.2.2 分辨率

计算机是通过将图像分割成众多离散的最小区域来表示图像的，这些最小区域就是像素。像素是计算机系统生成和再现图像的基本单位，像素的色相、彩度、亮度等属性是通过特定的数值来表示的。借助软硬件技术，计算机将许多像素点组织成行列矩阵，整齐地排列在一个矩形区域内，形成数字图像。在计算机系统中，数字图像采用分辨率这个概念来表示其大小、质量等特征。这里所说的分辨率是一个总体概念，实际上包括屏幕分辨率、图像分辨率、扫描分辨率、打印分辨率等多种形式。

1. 屏幕分辨率

数字图像通过计算机显示系统（如显示卡、显示器）描述时，屏幕上呈现出的横向和纵向像素点的总数称为屏幕分辨率。屏幕显示分辨率与显示系统软、硬件的显示模式有关，如标准显示VGA，其屏幕分辨率为640像素×480像素，即屏幕上横向一行包括640像素，纵向一列包括480像素。

2. 图像分辨率

图像分辨率指的是数字化图像的像素大小，同样也是以图像上一行与一列的像素数的乘积来表示，但图像分辨率与屏幕分辨率是两个完全不同的概念，屏幕分辨率与其显示模式有关，例知，一部分辨率为320像素×240像素的图像，在VGA显示模式下，其显示区域占用了屏幕面积的四分之一。

3. 扫描分辨率

扫描分辨率指扫描仪每扫描1英寸图像所得到的像素点数。扫描分辨率反映了一台扫描仪输入图像的细微程度，其数值越大，扫描后的数字图像的质量越高，扫描仪的性能也就越好。

4. 打印分辨率

打印分辨率指打印输出时横向和纵向两个方向上每英寸最多能够打印的点数。打印分辨率是反映打印机输出图像质量的一个重要技术指标，由打印头在每英寸的打印纸上所产生的墨点数决定。一台高清打印机的打印分辨率可以超过每英寸600点。

3.2.3 常用图像处理软件

常用的图形图像处理软件有Photoshop，CorelDRAW，Illustrator，AutoCAD，3ds Max等，手机上也有不少图像处理App，可以方便地进行简单的图像处理。

1. 手机修图小程序

手机修图小程序包括美图秀秀、Faceu激萌、B612咔叽等，都是免费的图像处理软件，面向非专业图像处理爱好者，操作简单，易于上手，修出的图像可以快速分享到QQ空间、微信、微博及其他网络平台，深受人们特别是年轻人的喜爱。

2. Photoshop

Photoshop是美国Adobe公司推出的一款图形图像处理软件，广泛应用于影像后期处理、平面设计、数字相片修饰、Web图形制作、多媒体产品设计制作等领域，是同类软件中当之无愧的"大师"。Photoshop处理的主要是位图图像，但其路径造型功能也非常强大，几乎可以与CorelDRAW等矢量绘图"大师"相媲美。与其他同类软件相比，Photoshop在图像处理方面具有明显的优势，是多媒体作品制作人员的首选工具之一。

3. CorelDRAW

CorelDRAW是由加拿大Corel公司推出的一流的平面矢量绘图软件，功能强大。CorelDraw集图形设计、文本编辑、位图编辑、图形高品质输出于一体，主要用于平面设计、工业设计、企业形象设计、绘图、印刷排版等领域，深受广大图形爱好者和专业设计人员的喜爱。

4. Illustrator

Illustrator是由美国Adobe公司开发的一款重量级平面矢量绘图软件，是出版、多媒体和网络图像工业的标准插图软件，功能强大。Illustrator在桌面出版领域具有明显的优势，是出版业使用的标准矢量工具。Illustrator能够方便地与Photoshop，CorelDraw，Flash等软件进行数据交换。

5. AutoCAD

AutoCAD是美国Autodesk公司生产的计算机辅助设计软件，用于二维绘图和基本三维设计，是众多CAD软件中最具影响力、使用人数最多的软件之一，主要应用于工程设计与制图。AutoCAD的通用性较强，能够在各种计算机平台上运行，并可以进行多种图形格式的转换，具有很强的数据交换能力，目前已经成为国际上广为流行的绘图工具。

6. 3ds Max

3ds Max是由美国Autodesk公司开发的三维矢量造型和动画制作软件，主要应用于模拟自然界、设计工业品、建筑设计、影视动画制作、游戏开发、虚拟现实技术等领域。在众多的三维软件中，由于3ds Max开放程度高，学习难度相对较小，功能比较强大，因此完全能够胜任复杂图形与动画的设计要求，成为目前用户群最庞大的一款三维创作软件。

上述软件各有优势，若能够配合使用，就可以创作出质量更高的作品。比如在制作室内外效果图时，最好先使用AutoCAD建模，然后在3ds Max中进行材质贴图和灯光处理，最后在Photoshop中进行后期处理，如添加人物和花草树木等。

3.2.4　数字图形、图像文件的格式

图像文件的大小指的是一幅图像的数据容量，即在存储设备中存储该图像所需的字节数，与该图像的宽度（横向像素点数）、高度（纵向像素点数）、颜色深度（最大颜色数）有关。图像文件的字节数可按以下公式来计算：

$$图像文件的字节数 = 图像分辨率 \times 颜色深度 \div 8$$

例如，一幅分辨率为 640 像素×480 像素、颜色深度为 24 位的真彩图像未经压缩的数据容量为：$640 \times 480 \times 24 \div 8 = 921600\ B = 900\ KB$（1 KB=1024 B）。

一幅高质量的数字图像的数据容量是很大的，在存储与传输时一般都必须进行压缩编码，在显示和打印时还需要降低图像的颜色数（color reduction）、对图像分辨率进行转换（resolution conversion）等处理。

在实际应用中，为了适应不同的需要，图形或图像可以用多种不同的格式进行存储。例如，Windows 的画图程序所创建的图像可以用 BMP 格式存储，从网上下载的图像多为 GIF 和 JPG 格式，另外还有诸如 TIF，WMF，PNG 等其他许多格式。不同格式的图像文件具有不同的存储特性，不同格式的图像文件之间也可以通过一些工具软件来相互转换。这里介绍一些比较常用的图形、图像文件格式。

1. BMP 格式

BMP（bitmap，位图）是一种与硬件设备无关的图像文件格式，使用非常广泛。BMP 文件采用位映射存储格式，有压缩（RLE 方法）和非压缩两种形式。通常情况下 BMP 文件所占用的空间比较大，所以只是在单机上比较流行。由于 BMP 文件格式是 Windows 环境中交换与图有关数据的一种标准，因此运行在 Windows 环境中的图形图像软件都支持 BMP 格式的文件。

2. WMF 格式

WMF（windows metafile format）是 Windows 环境中应用广泛的一种矢量图形格式，很多程序都支持。例如，Microsoft Office 的剪贴库中就存在许多 WME 格式的剪贴画。但是 Windows 以外的其他操作系统对 WMF 格式的支持比较有限。

3. TIF 格式

TIF（tagged image file format）是为桌面出版系统而研发的一种较为通用的图像文件格式。TIF 格式灵活易变，共定义了四种不同类型的格式：TIF-B（B 即 bi level images）适用于二值的黑白图像，TIF-G（G 即 gray scale images）适用于灰度图像，TIF-P（P 即 palette-color images）适用于带调色板的彩色图像，TIF-R（R 即 RGB image）适用于 RGB 真彩图像。

4. GIF 格式

GIF（graphics interchange format）的原意是"图像互换格式"，是 CompuServe 公司

在1987年开发的（GIF87a版本）。GIF文件的数据是一种基于LZW（Lempel-Ziv-Welch Encoding，字典编码）压缩算法的连续色调的无损压缩格式。其压缩率一般在50%左右，目前几乎所有的相关软件都支持GIF图像文件。

由于GIF文件的数据采用了可变长度等压缩算法，所以GIF图像的颜色深度存在1~8位多种不同的形式，即GIF图像最多支持256种色彩。

1989年7月，CompuServe 公司发行了GIF89a版本，与其前身GIF87a相比，该版本的一个最主要的优势就是可以创建动态GIF图像（其中包含的是一组指定了呈现顺序的图片）。当然GIF89a也可以存储静态单帧图像。

GIF格式的图像虽然颜色数较少，但支持透明背景和交错技术（见图3-2-3）。

图3-2-3　"GIF选项"对话框

5. JPEG格式

JPEG是Joint Photographic Experts Group（联合图像专家组）的缩写，文件后缀名为".jpg"或".jpeg"，是最常用的一种有损压缩的图像文件格式。JPEG格式采用有损压缩方式去除图像中的冗余数据，在获得极高的数据压缩比的同时保证了较高的图像质量。

使用Photoshop编辑过的图像以JPEG格式存储时，Photoshop系统提供了12级压缩级别供用户选择，以0~12级表示，如图3-2-4所示。其中0级压缩比最高，图像品质最差。但即使采用较高的10级质量保存时，压缩比也仅可以达到5∶1。一般情况下，采用第8级压缩可获得存储空间与图像质量兼优的最佳效果。

图3-2-4　"JPEG选项"对话框

另外，JPEG格式还支持渐进显示技术（在"JPEG选项"对话框中选择"连续"单选按钮），该技术类似于 GIF 及 PNG 格式的交错技术。在浏览器上下载图像时，渐进显示技术可以使 JPEG 图像先模糊显示，然后渐渐清晰起来；而交错技术可以使 GIF 或 PNG 图像首先以马赛克效果显示，随着下载数据的不断增多逐渐显示出更多的细节。

由于 JPEG 格式的文件容量较小，下载速度快，画质也能够满足人们的要求，所以其成为网络主流图像格式之一。

6. PSD 格式

PSD（photo shop document）是 Photoshop 软件的源文件格式，文件扩展名为 ".PSD"，可存储图层、蒙版、路径、通道、色彩模型等几乎所有的图像信息，是一种不压缩的原始文件格式。PSD 文件的容量很大，但由于可以保留多种图像编辑信息，所以将未编辑完成的图像或想进一步修改的图像存储为 PSD 格式无疑是一种最佳的选择。

7. PNG 格式

PNG（portable network graphics）的全称为 "可移植性网络图像"，是目前网上常见的新型的图像文件格式。PNG 能够提供长度比 GIF 小 30% 的无损压缩图像文件，同时还支持 24 位和 48 位真彩色，支持透明背景和交错技术。由于 PNG 格式比较新颖，所以目前还有一些相关软件不支持这种格式的文件，但 Photoshop 和 Fireworks 软件可以处理 PNG 图像，也可以将图像存储为 PNG 格式。

3.2.5　习题与实践

1. 简答题

（1）Photoshop 属于哪种类型的软件？其主要作用是什么？

（2）JPEG，DVI，MP3，MPEG 这四种压缩标准中，哪一种是目前广泛采用对于静态图像的压缩标准？

（3）在用 Photoshop 编辑图像时，若想保留图层等信息，在保存文件时应选择何种文件格式？

（4）除了教材所列举的 Photoshop，3ds MAX，Illustrator，CorelDRAW，AutoCAD 等图形图像处理软件，你还使用过哪些图形或图像处理软件？

2. 实践题

尝试使用不同的工具对同一幅图像进行类似要求的处理，如调整色彩、选定区域后改变大小、添加文字等，比较它们的处理方式的差异、处理效果的差异。

3.3　图像处理

图像处理是指对图像信息进行再加工，以满足人们某种需要的技术，主要包括图像变换、色彩调整、图像修补、图像特效、图像合成和添加文字等技术。

图像处理可以通过多种方法完成，例如通过程序设计的方法读取图像中的像素数据，通过对像素的移位、改变像素大小、多个图像像素运算等直接完成，也可以使用前文所介绍的各种图像处理软件完成这些功能，图像处理软件其实就是软件开发人员将图像处理的各种功能事先开发为可视化处理工具，这样方便更多非计算机专业人员使用可视化方式进行图像处理。

本书将以图像处理功能比较全面的Photoshop软件为例，介绍图像处理各个方面的功能的处理方式，并通过多个实例，介绍数字图像处理方法，以及处理后可以达到的效果。

3.3.1 图像选取、着色和绘图修图

在图像处理中，无论是简单的图像缩放、裁剪、合成或者进行色彩调整、特效显示，首先都必须通过一些基本的操作和工具对相应的图像部分进行选取和处理。

1. 创建选区

在Photoshop中，选区是一个限定编辑范围的虚线区域；选区外的图像不能编辑。Photoshop创建选区的工具有选框工具组、套索工具组和魔棒工具组。选框工具组用于建立规则形状的选区，套索工具则手动圈选出选区，魔棒工具依靠容差快速选择颜色相近的区域。

（1）矩形选框工具 。

当选择该项工具时，在待选区域左上角按下鼠标左键拖动光标到右下角松开鼠标即可创建出矩形选区。如果在拖动鼠标的同时按住Shift键，则可以创建正方形选区。

（2）椭圆选框工具 。

椭圆选框工具与矩形选框工具使用方法类似。

（3）套索工具 。

套索工具用于创建手绘的选区，使用套索工具在待选区域边缘按下鼠标左键并拖动鼠标光标进行圈选。当松开左键，起点与终点将以直线段相连，形成闭合选区。

（4）多边形套索工具 。

多边形套索工具用于创建多边形选区，用多边形套索在待选区域边缘某拐点上单击，确定第1个紧固点；将光标移动到相邻拐点上再次单击，确定第2个紧固点；依次操作下去。当光标回到起始点时（光标旁边带一个小圆圈）单击可闭合选区。在使用多边形套索时，如按住Shit键同时拖曳，可创建水平、竖直或其他45°角的直线段选区边界。多边形套索工具适合选择边界由直线段围成的区域对象。

（5）磁性套索工具 。

磁性套索工具可自动识别对象的边界，使用前可在工具选项栏中设置宽度、对比度及频率等各项参数，用于确定自动识别的依据。

磁性套索工具适合选择边缘清晰并且与背景对比明显的区域。

（6）快速选择工具 。

快速选择工具以涂抹的方式选择邻近区域。

当被选择的区域适合使用该工具时，可选择"快速选择工具"，在待选区域内单击或按下鼠标涂抹。

（7）魔棒工具 。

魔棒工具用于选择颜色值相近的区域。可根据工具选项栏中"容差"参数设置颜色值的差别程度，也可以根据"取样大小"参数设置魔棒工具的取样范围。

需要说明的是，默认的取样范围为当前图层，当在选项栏中选择"对所有图层取样"，魔棒工具将从所有可见图层中创建选区。

（8）快速蒙版。

快速蒙版是创建选区的特殊工具。在默认设置下，蒙版区域和选区互补，蒙版区域可以使用画笔等绘图工具创建。使用黑色画笔涂抹，可以扩大蒙版区域；使用白色画笔涂抹，则缩减蒙版区域；非蒙版区域则为选区。

2. 绘图修图工具

（1）画笔工具 和铅笔工具 。

画笔和铅笔工具都使用前景色绘制线条。画笔绘制软边线条，铅笔绘制硬边线条。在使用画笔或铅笔时，首先设置好前景色，再根据需要在工具选项栏中打开"画笔预设"选取器，从中选择预设的画笔笔尖形状，并可更改笔尖的大小和硬度。也可以选择预设画笔或创建自定义画笔，在图像编辑窗口按下鼠标左键并拖动，松开鼠标后，鼠标经过的轨迹即画笔的笔迹，在移动鼠标时如果同时按下Shift键，则绘制水平或垂直的线条。

（2）橡皮擦工具 。

橡皮擦工具与画笔工具的使用方法完全相同。画笔是绘制出像素，橡皮擦是擦除像素。但在使用橡皮擦时，要注意工作图层的性质。在背景图层上擦除，被擦区域被当前背景色取代；在普通图层上擦除，则可擦成透明。

（3）油漆桶工具 。

油漆桶工具用于填充单色（当前前景色）或图案，使用油漆桶工具时，可选择填充类型，包括前景和图案两种。选择"前景"（默认选项），使用前景色填充。也可以在工具选项栏中选择"图案"，在"图案"拾色器中选择预设图案或自定义图案进行填充。

（4）渐变工具█ 。

渐变工具用于填充各种过渡色。可以选择不同的渐变方式，也可以选择前景色、背景色或者预设的渐变颜色对选区或图层进行过渡色填充，也可以通过打开工具选项栏中的"渐变编辑器"，对当前选择的渐变色进行编辑修改或定义新的渐变色。

（5）图章工具█ 。

图章工具有仿制图章和图案图章，仿制图章用于图像的关联复制，依据参考点的内容来修复图像；图案图章则根据用户选择的图案修改图像。

仿制图章工具常用于数字图像的修复，当选择仿制图章工具时，按住 Alt 键，同时鼠标单击源图像待复制区域进行取样。松开 Alt 键。在目标区域或其他图层或图像中，按下鼠标左键拖动光标，开始复制图像（注意源图像数据的十字取样点）。

例3-1：利用"椭圆选框工具""渐变工具""画笔工具"和选区调整操作制作纽扣效果

（1）新建图像文件。

启动 Photoshop CC，选择"新建"，创建一个"400像素×400像素、分辨率为72像素/英寸、RGB颜色模式、8位、白色背景"的新图像，如图3-3-1所示。

图 3-3-1　新建画布

【小贴士】新建文件时要特别注意分辨率的确定，一般根据图像用途选择，如用于显示器显示的图像通常设置为"72像素/英寸"。设置文件宽度和高度时，要注意度量单位，以厘米或像素为单位的差别很大。颜色模式的选择也要留意，如果想编辑彩色图像，千万不要在新建文件时选择灰度模式等无法上彩色的颜色模式。

（2）利用"椭圆选框工具"和"渐变工具"在画布上制作纽扣图像。

①选择工具栏中的"椭圆选框工具，按住Shift键（可以保持正圆），在画布中央拖曳画出一椭圆选区，如图3-3-2所示。

②分别单击工具箱中的前景色和背景色，将前景色设置为深紫色（#660099），背景色设置为浅紫色（#cC99ff），如图3-3-3所示。

图3-3-2 椭圆选区　　　　　　　　　　　图3-3-3 设置前景色和背景色

③选择工具栏中的"渐变工具"，在工具属性栏中选择"线性渐变""前景色到背景色渐变"。

【小贴士】当选择"渐变工具"后，可在渐变工具选项栏中设置渐变种类。从左向右依次是线性渐变、径向渐变、角度渐变、对称渐变和菱形渐变。

④从椭圆选区的左上角边界向右下角边界拖曳鼠标，建立如图3-3-4（a）的渐变效果。

⑤执行"选择/变换选区"命令缩小选区（操作时按住Alt键和Shift键，可以保持选区中心不变），如图3-3-4（b）所示。

⑥按回车键确认变换，使用渐变工具（参数保持不变），从椭圆选区的右下角边界向左上角边界拖曳鼠标，反向创建如图3-3-4（c）所示的渐变效果。再按组合键Ctrl+D取消选区。

（a）选区内渐变　　　　　　（b）缩小选区　　　　　　（c）反向渐变

图3-3-4 制作立体按钮效果

（3）绘制纽扣孔。

① 将前景色设置为黑色，选择工具栏中的"画笔工具"，选择笔触大小为21，笔触类型"硬边圆"，如图3-3-5所示。

②用"画笔工具"在纽扣中心绘出四个纽扣孔。效果如图3-3-6所示。

图3-3-5 设置画笔 　　　　　　　　图3-3-6 例3-1效果图

（4）保存图像。

以"LJG3-1-1.jpg"为文件名保存图像（注意选择JPG格式保存）。

> 【小贴士】当打开一个图像文件并对其进行编辑后，可以执行"文件/存储"命令保存所做的修改，文件会以原格式存储。如果是新建的文件编辑后保存，或者想保存为其他类型的图像文件，则执行"文件/存储为"命令，在打开的"另存为"对话框中将文件另存。

例3-2：利用"油漆桶工具""魔棒工具""矩形套索工具""画笔工具""图案图章工具"制作彩色信纸效果。

（1）新建信纸图像文件。

①新建一个"大小为600像素×800像素、8位RGB模式、白色背景"的图像文件。

②在"图层"面板中单击"创建新图层"按钮，增加一个名为"图层1"的新图层，按Ctrl+A组合键选取整个图层区域。

③单击"前景色"按钮，在R，G，B三栏参数中设置前景色为黄色（R：255，G：255，B：135），选择工具箱中的"油漆桶工具"，对选区填充前景色。

【小贴士】选择"油漆桶工具",设置好选项参数后,在待填充区域单击鼠标。将根据选项设置在适当区域填充前景色或选定的图案。

④执行"选择/变换选区"命令,对当前选区进行缩小变换,在变换的同时按住 Alt键,保证中心位置不变,如图3-3-7所示。然后按回车键确认。

⑤执行"选择/修改/羽化"命令,设置羽化半径为"20像素",使得选区边界柔化。

⑥按Delete键,删除选区内容,如图3-3-8所示。按Ctrl+D组合键,取消选区。

图3-3-7　缩小选区　　　图3-3-8　删除选区内容　　　图3-3-9　自定义图案

(2)建立文稿线图案。

①按Ctrl+N组合键建立一个"大小为30像素×40像素"、透明背景的空白文件。

②双击"抓手工具" 放大显示新建的文件。

③利用"矩形选框工具"选取图像上的两个区域,用前景色填充该区域,结果类似图3-3-9所示。

④按Ctrl+A组合键选取整个图像,执行"编辑/定义图案"命令,将新建图像定义为图案。

⑤按Ctrl+D组合键取消选区,关闭该新建图像。

(3)为信纸添加文稿线。

①回到"信纸"文档,选择图层1。

②选择"图案图章工具",在工具选项栏选择刚才建立的图案,在图层1上进行涂抹(更快捷的方法是执行"编辑/填充"命令,用刚建立的图案进行填充),效果如图3-3-10所示。

(4)为信纸添加枫叶花边。

①选择工具箱中的"画笔工具",在画笔工具选项栏选择笔触为"散布枫叶",如图3-3-11所示。

图3-3-10　添加文稿线

②单击画笔工具选项栏上的"切换画笔面板"，打开"画笔预设"面板，设置"间距"为150%，如图3-3-12所示。

图3-3-11　选择画笔笔触　　　　　图3-3-12　设置画笔属性

③用设置好的画笔工具在图层1上适当涂抹，效果如图3-3-13所示。

（5）为信纸添加鲜花点缀。

①打开素材文件"L3-2-1.jpg"，选择工具箱中的"魔棒工具"，在选项栏中将"容差"值设置为60，单击图像中的白色部分，然后执行"选择/反选"命令，将鲜花部分选取，如图3-3-14所示。

图3-3-13　枫叶效果　　　　　　图3-3-14　选区鲜花部分

【小贴士】"魔棒工具"用法：选择"魔棒工具"，在待选区域内某点单击，将根据容差选项的值选中与单击点颜色在容差范围内的区域。

②执行"窗口/排列/使所有内容在窗口中浮动"命令，使两个图像窗口浮动，用工具箱中的"移动工具"将鲜花拖曳到信纸图像中，执行"编辑/变换/缩放"命令，缩放

鲜花大小及调整位置并确定。

③ 打开素材文件"L3-2-2.jpg"，用上述同样方法将鲜花合成到信纸中，执行"编辑/自由变换"命令，调整大小和角度，并放置在信纸（图3-3-15）的右下角。效果如图3-3-15所示。

图3-3-15　例3-2效果图

（6）保存图像。

以"LJG3-2-1.jpg"为文件名保存图像。

例3-3： 使用"铅笔工具"及调整画布大小命令，制作电影胶片效果。

（1）打开素材图像。

执行"文件/打开"菜单命令，将配套素材文件"L3-3-1.jpg"打开。

（2）制作电影胶片背景。

① 执行"图像/画布大小"命令，勾选"相对"，"画布扩展颜色"为白色，高度扩展"10像素"。

② 再次执行"图像/画布大小"命令，勾选"相对"，"画布扩展颜色"为黑色，高度扩展5厘米，如图3-3-16所示。制作后的电影胶片背景如图3-3-17所示。

图3-3-16　调整图像画布大小

图3-3-17　制作胶片背景

（3）制作胶片齿孔。

①选择"铅笔工具"，下拉"画笔预设选取器"，单击对话框右上角的齿轮按钮，在列表中选择"方头画笔"，如图3-3-18（a）所示。确定替换当前画笔，选择笔触大小为24，如图3-3-18（b）所示。

（a）设置画笔类型　　　　　　　　（b）设置画笔笔触大小

图 3-3-18　设置画笔工具

② 单击"切换画笔面板"按钮，选择"画笔笔尖形状"，设置"间距"为200%，如图3-3-19所示。

③ 将前景色设置为白色，用"铅笔工具"沿黑框画直线，同时按下Shift键，保证线条为水平。效果如图3-3-20所示。

图 3-3-19　设置笔尖形状　　　　　**图 3-3-20　例 3-3效果图**

（4）保存图像。

以"LJG3-3-1.jpg"为文件名保存图像。

3.3.2　图像变换

图像变换包括图像移动、缩放、旋转、翻转（镜像）、斜切、透视、扭曲等内容。

在具体实施上，矢量绘图软件一般要比位图处理软件方便得多。

图3-3-21是通过Photoshop的图像旋转和翻转功能校正扫描图像的案例（左图是扫描得到的数字图像，右图是校正后的图像）。

图3-3-21　处理扫描图像

主流的图形图像处理软件还可以边变换边复制图像，形成对象按秩序排列的美妙的视觉效果。图3-3-22是通过3ds Max的阵列变换功能设计制作的双螺旋结构的DNA三维模型。

图3-3-22　DNA三维模型

在Photoshop中，执行"编辑/自由变换"命令或者"编辑/变换"菜单中的各项命令，可以对选区对象或整个图层进行移动、缩放、旋转、斜切、扭曲、透视等多种变形操作。这是Photoshop编辑图像时最常用的命令之一，其中"编辑/自由变换"命令的快捷组合键为Ctrl+T。

3.3.3　添加文字

文字是图的重要组成部分，文字的再加工（彩虹文字、变形文字、路径文字、立体文字、滤镜/通道特效文字等）也是图形图像处理技术的重要环节。在平面、三维、动画、视频各类设计软件中，文字都是一个很重要的工具。文字的搭配不仅使受众更容易读懂图所传达的信息，精心处理过的各种特效文字还可以增强图的美观性（如图3-3-

23所示），或产生震撼的视觉效果（如图3-3-24所示），成为整张图的点睛之笔。

图3-3-23　精心排版的文字　　　　　　　图3-3-24　文字震撼效果

在Photoshop中，文字工具有一般文字和蒙版文字两类，一般文字输入完成后，将产生文字矢量图层；而蒙版文字输入提交后则形成文字选区，并不会生成文字层。

在建立文字对象时，首先选择所需类型的文字工具。在选项栏设置文字工具各项参数（字体、字号、对齐方式和颜色等）。在图像中单击，确定文字插入点（如果是蒙版文字，将进入蒙版状态，图像被50%不透明度的红色保护起来）。输入文字内容。按回车键可向下或向上换行。在选项栏上单击"提交"按钮，完成文字的输入，同时退出文字编辑状态（若单击"取消"按钮，则撤销文字的输入）。

文字输入完成后，横排文字和直排文字将产生文字图层。在"图层"面板上双击文字图层的缩览图选中所有文字，利用选项栏可修改文字属性、设置变形文字等。蒙版文字则形成文字选区，并不生成文字层。所以蒙版文字的修改必须在提交之前进行。

3.3.4　色彩调整

色彩调整一般是针对位图图像而言的，是图像处理中的关键技术，对于提高图像的画面质量起着至关重要的作用。

色彩调整主要用来改变图像色彩的明暗对比、纠正色偏、黑白照片上色、改变图像局部色彩等。图3-3-25是通过Photoshop的"可选颜色"命令，将鲜花的黄色调整为洋红色。

图3-3-25　更改图像局部颜色

Photoshop"图像/调整"菜单下的各项命令用于对选区或图层进行色彩的调整。其中亮度/对比度、色阶、曲线、阴影/高光等主要用于调整色彩的明暗对比；色相/饱和度、色彩平衡、可选颜色、替换颜色等主要用于纠正色偏；照片滤镜、黑白、反相、阈值、渐变映射等主要用于制作特殊的色彩效果。尤其是"色阶"命令，功能强大，使用方便。使用它可以调整图像的阴影、中间调和高光等色调区域的强度级别，校正图像的色调范围和色彩平衡，是Photoshop最重要的调色命令。

例3-4： 利用"色彩均化"命令、"去色"命令、"渐变工具"等制作老旧照片效果。

（1）打开素材。

执行"文件/打开"菜单命令，将配套素材文件"L3-4-1.jpg"打开。

（2）均匀图像亮度值及转换为灰度图像。

① 执行"图像/调整/色调均化"命令，均匀图像的亮度值。

② 执行"图像/调整/去色"命令，将图像中的色彩信息去除，转变为灰度图像。

（3）创建"渐变映射图层"。

① 单击"图层"面板下方的"创建新的填充或调整图层"按钮，创建新的"渐变映射1"调整图层。

② 在如图3-26（a）所示的渐变映射属性中，单击渐变色样本，打开渐变编辑器，设置渐变色两端分别为黑色和白色。在渐变色条中间约50%位置处单击，设置为褐色（R：161，G：137，B：106），如图3-3-26（b）所示。此时图像呈现偏褐色的老旧照片效果。

（a）渐变映射属性

（b）设置渐变颜色

图3-3-26　用"渐变编辑器"设置渐变颜色

（4）修改天空部分颜色。

① 在"图层"面板最上方创建一个新图层。将前景色设置为RGB（161，137，106），背景色设置为白色。

② 选择工具栏中的"渐变工具"，设置渐变选项为"前景到透明渐变"，在天空区域自上向下拖曳鼠标，天空部分将被渐变色所替代。

③ 设置图层1显示模式为"线性加深"，"不透明度"为90%，如图3-3-27（a）所示。

（5）利用"曲线"调整图像亮度。

选择背景图层，执行"图像/调整/曲线"命令，适当拖曳曲线，如图3-3-27（b）所示。

（a）设置图层显示模式　　　　　　　　（b）对背景层调整颜色曲线

图3-3-27　修改天空部分颜色

（6）输入文字。

① 在工具栏中选择"横排文字工具"文字选项栏设置字体为"华文行楷"，大小为150点，颜色为RGB（115，53，31）。

② 输入文字：水乡旧貌。完成后的效果如图3-3-28所示。

图3-3-28　例3-4效果图

（7）保存图像。

以"LJG3-4-1.jpg"为文件名保存图像。

例3-5：利用素材（如图3-3-29所示）设计制作如图3-3-30所示的封面效果。

图3-3-29　素材　　　　　　　　　　　　　　　　　　图3-3-30　效果图

①打开素材图像"L3-5-1.jpg"，进行"色阶"调整素材，参数设置如图3-3-31（a）所示。然后进行"色相/饱和度"调整，勾选"着色"，参数设置如图3-3-31（b）所示。

②用魔棒工具（不勾选"连续"参数）选择当前图像中的白色背景，然后反选选区。依次执行"拷贝"和"粘贴"命令，将剪纸从背景层分离出来（得到图层1）。

（a）调整"色阶"参数　　　　　　　　（b）调整"色相/饱和度"参数

图3-3-31　调整素材参数

③为图层1添加投影样式，不透明度75%、30度全局光、距离和大小都是5，其他参数默认。

④分别创建文本"中国民间剪纸艺术"（白色、宋体、18点）、"The Art of Chinese Papercuts"（红色、Times New Roman、6点）和"中国海天出版社"（红色、华文行楷、6点）。

⑤在文字层"中国民间剪纸艺术"的下面新建图层2，在"中国民间剪纸艺术"每个字的后面绘制红色方形。

⑥绘制红色竖直线。

⑦保存图像，以"LJG3-5-1.jpg"为文件名保存图像。

3.3.5　图像合成

图像合成是图像处理中经常用到的技巧，它通常是利用各种选择工具将一幅图像中的一部分进行选取，通过拖曳或复制，将其合成到另一幅图像之中。

除了使用基本操作（选择、复制粘贴、变换、更改不透明度等）合成图像外，使用图层混合模式、遮罩、通道、贴图等高级图像处理技术，可以获得更完美的图像合成效果，达到以假乱真的艺术境界。

图3-3-32是使用3ds Max的材质贴图技术，对矢量蝴蝶模型进行位图贴图得到的效果图。在此合成过程中，蝴蝶翅膀素材中的黑白图片起到遮罩的作用。

图3-3-32　借助材质贴图合成图像

（a）小树素材　　　　　（b）背景素材　　　　　（c）合成效果

图3-3-33　借助图层混合合成图像

图3-3-33是借助Photoshop的图层混合模式，将小树合成到新背景的典型案例（通过更改图层混合模式，隐藏小树素材的高亮背景，而不是一般合成中的删除背景素材）。

例3-6：利用"磁性套索工具""快速选择工具"制作"晨练"的图像合成效果。

（1）打开素材图像。

①执行"文件/打开"命令，打开素材文件"L3-6-1.jpg""L3-6-2.jpg""L3-6-3.jpg"。

② 执行"窗口/排列/使所有内容在窗口中浮动"命令，使三个素材图像窗口浮动，便于合成操作。

（2）处理门洞图像。

① 使"L3-6-1.jpg"成为当前图像，执行"图像/图像大小"命令，将图像大小调整为"800像素×600像素"，如图3-3-34所示。

图3-3-34　调整图像大小　　　　　图3-3-35　解锁背景图层

② 在"图层"面板中双击被锁定的背景图层，使该图层转换为普通的"图层0"，结果如图3-3-35所示。

③ 选择"磁性套索"工具尽量沿门框的边缘拖动鼠标，此时沿门框四周将自动形成许多控点，也可在拐角处单击，手动形成控点，如图3-3-36（a）所示。要结束选取命令，可在起点处单击或在终点处双击，从而选取门内部分。

（a）"磁性套索"勾勒门框选区　　　　　（b）删除选区内容

图3-3-36　删除原图门框中图像

④ 执行"编辑/清除"命令（或者按Delete键），删除选区内容，结果如图3-3-36（b）所示。

（3）合成竹林背景图像。

①选择"L3-6-2.jpg"图像，用"移动工具"将该图像拖曳到"L3-6-1.jpg"中，在"图层"面板中将拖曳图层1，将其调整到图层0的下方。

②在图层面板中选择图层0，用"移动工具"适当调整图层0的位置，使露出林中小路，如图3-3-37所示。

（4）合成"老者"图像。

① 选择"L3-6-3.jpg"图像，选取工具箱中的"快速选择工具"，在工具选项中设置"添加到选区"的创建方式，画笔笔触为"5像素"，如图3-3-38所示。

图3-3-37 合成竹林图像

图3-3-38 设置"快速选择工具"属性

② 用设置好的"快速选择工具"在"老者"身上涂抹，使其被选取，如图3-3-39所示。也可以使用"魔棒工具"加"反选"操作抠取"老者"图像。

③ 选择"移动工具"，将老者合成到竹林图像中。

④ 执行"编辑/变换/缩放"命令，缩放老者图像的大小并调整位置。效果如图3-3-40所示。

图3-3-39 用快速选择工具选取老者

图3-3-40 例3-6效果图

（5）保存图像。

以"LJG3-6-1.jpg"为文件名保存图像。

通过前面的多个实例，已经可以看到，进行图像合成，除了已经介绍到的一些工具及操作之外，还涉及图层概念，当一个图像中的一部分或全部被合成到另一图像中，必然会形成新的图层，而对图层的各种操作会直接影响图像合成的效果。

在图像处理中，图层是Photoshop中一个很重要的概念，它是Photoshop软件的工作基础。因此，有必要掌握图层的几个重要的知识点。

1. 图层

（1）图层概念。

通过前面的学习，我们已经初步接触到图层的操作，图层可以看作透明的电子画布，用灰白相间的方格图案表示透明区域。图像最终效果是各个图层上下叠加后的整体效果。在图层面板上，通过调整图层的排列顺序、设置图层的不透明度、使用图层样式、修改图层混合模式等操作，可以获得丰富多彩的图层叠加效果。

Photoshop中有文字、图像、背景、调整、形状五种图层类型。

背景图层：最底部的图层，背景层是一个比较特殊的图层，其排列顺序、不透明度、填充、混合模式等许多属性都是锁定的，无法更改。另外，图层样式、图层变换等也不能应用于背景层。解除这些"锁定"的方法就是将其转换为普通图层。

图像图层：最基本的图层类型。

文字图层：使用文字工具输入文字后，将自动产生一个图层，缩览图为T。文字图层是Photoshop中的矢量图层，渐变填充等编辑工具无法应用在矢量层，只有通过"栅格化"命令将其转化为一般的像素图层才能进行编辑操作。

调整图层：可以对调整层以下的图层进行色调、亮度、饱和度的调整。

形状图层：使用形状工具创建图形后，将自动产生一个形状图层。

（2）图层基本操作。

在实际应用中，图层的选择、新建、复制、锁定、删除、移动、合并、显示与隐藏、不透明度等一些基本的操作比较重要，可以通过实践练习掌握。

（3）图层样式。

图层样式是创建图层特效的重要手段，包括斜面和浮雕、描边、内阴影、内发光、光泽、颜色叠加和投影等多种。图层样式影响的是整个图层，不受选区的限制，且对背景层和全部锁定的图层是无效的。

当需要对选定的图层添加图层样式时，可单击图层面板下方按钮 fx，从弹出的菜单中选择相应的图层样式命令；或选择菜单"图层/图层样式"下的有关命令，打开"图层样式"对话框，如图3-3-41所示。在对话框左侧单击要添加的图层样式的名称，选择该样式。在参数控制区设置图层样式的参数即可。

图3-3-41 图层样式对话框

当需要编辑或修改图层样式时，可通过单击图标中的三角形按钮，折叠或展开图层样式，进行参数修改或删除，如图3-3-42所示。

图3-3-42 图层样式的显示与隐藏 图3-3-43 图层混合模式列表

（4）图层混合模式。

图层混合模式决定了当前图层像素与下方图层像素以何种方式混合像素颜色。图层混合模式包括正常、溶解、变暗、正片叠底、变亮、滤色、叠加、柔光等多种，默认的混合模式为"正常"，在这种模式下，上面图层的像素将遮盖其下面图层中对应位置的像素，可以为当前图层选择不同的混合模式，从而产生不同的图层叠加效果。

在图层面板上，单击"正常"下拉按钮，从展开的列表中可以为当前图层选择不同的混合模式，见图3-3-43。列表中的图层混合模式被水平分割线分成多个组，一般来说，每个组中各混合模式的作用是类似的。"变亮"模式与"变暗"模式相反，其作用是比较本图层和下面图层对应像素的颜色，选择其中值较大（较亮）的颜色作为结果色。以RGB图像为例，若对应像素分别为红色（255，0，0）和绿色（0，255，0），则混合后的结果色为黄色（255，255，0）。

例3-7：利用"魔棒工具"和"投影""羽化"等命令制作越野摩托合成效果

（1）将摩托车与白色背景分离。

① 打开素材文件"L3-7-1.jpg"，在图层面板双击背景层，将背景层变为图层0。

② 选择"工具箱"中的"魔棒工具"，在图像的白色部分单击，选取图像中的白色部分。

③ 按住Shift键，用"魔棒工具"单击摩托车内部的白色部分，按Delete键删除。

④ 按Ctrl+D组合键取消选区，如图3-3-44所示。

⑤ 在图层面板单击"创建新图层"按钮，将前景色设置为白色，在"工具箱"中选择"油漆桶工具"，将图层1填充为白色。

⑥ 在图层面板中将图层1向下拖曳，使之位于图层0下方，如图3-3-45所示。

图3-3-44　删除图像白色背景　　　　图3-3-45　在下方添加白色图层

（2）将沼泽地素材合成到图像中，并设置"描边""投影"的图层样式。

① 打开素材文件"L3-7-2.jpg"。

② 执行"窗口/排列/使所有内容在窗口中浮动"命令，选择"移动工具"，将沼泽地图像图拖曳到摩托车图像中，使之成为新图层。

③ 关闭素材文件"L3-7-2.jpg"。

④ 执行"编辑/变换/缩放"命令，适当缩小沼泽并移动到图像的右下方，如图3-3-46（a）所示。

⑤ 执行"图层/图层样式/描边"命令，设置颜色为白色，大小为"10像素"，如图3-3-46（b）所示。

（a）合成沼泽地图像并缩放

（b）设置沼泽地图层白色描边

图3-3-46　合成沼泽地图像

⑥执行"图层/图层样式/投影"命令，设置角度为30°，距离、扩展、大小都设置为10，如图3-3-47所示。

图3-3-47　对沼泽地图层设置投影

（3）利用选区、羽化制作摩托车投影图层效果。

①在图层面板，按住Ctrl键，单击摩托车图层的缩略图，得到摩托车选区。

②保持选区，在图层面板上单击"创建新图层"按钮，新建图层，并将该图层置于摩托车图层下方。

③执行"选择/修改/羽化"命令，设置羽化半径为"5像素"。

④将前景色设置为灰色（R：86，G：73，B：73），用油漆桶工具填充选区。用"移动工具"将投影层适当向左下方移动。

⑤将投影层的"图层不透明度"调整为60%，如图3-3-48所示。

⑥按Ctrl+D组合键取消选区。效果如图3-3-49所示。

图3-3-48　对摩托添加投影层　　　　图3-3-49　例3-7效果图

（4）保存图像。

以"LJG3-7-1.jpg"为文件名保存图像。

例3-8：利用"图层混合模式""魔棒""复制选区"等方法制作月湖景色图像合成效果。

（1）将月亮合成到湖面风景图像中。

① 打开素材文件"L3-8-2.jpg"，选择"魔棒工具"，将魔棒工具的"容差"设置为80，如图3-3-50所示。

图3-3-50　设置魔棒工具属性

> 【小贴士】"容差"参数用于设置颜色值的差别程度，取值范围为0～255，系统默认值为32。只有差别在"容差"范围内的像素才被魔棒选中。容差越大，所选中的像素越多。

② 单击图"L3-8-2.jpg"的黑色部分，执行"选择/反选"命令使月亮被选中，按Ctrl +C组合键使月亮选区被复制。

③ 打开素材文件"L3-8-1.jpg"，按Ctrl+V组合键，使月亮被合成到湖面风景图像中。

④ 执行"编辑/变化/缩放"命令，调整月亮大小，并适当调整其位置，如图3-3-51所示。

（2）制作湖面中的月亮倒影。

① 在"图层"面板右击月亮图层（图层1），执行"复制图层"命令，产生月亮副本层。

② 选择"移动工具"将月亮副本层的月亮拖曳至图像下方湖面中，并执行"编辑/变换/垂直翻转"命令。

③ 在"图层"面板将月亮倒影图层的"图层混合模式"设置为"柔光"，如图3-3-

52所示。

图3-3-51 合成月亮图层

图3-3-52 月亮倒影层

（3）将月亮掩映在树丛背后。

①在"图层"面板中选取背景图层，选择"魔棒工具"并在其选项栏中将容差设置为32，单击背景图像中的遮盖住月亮部分的树丛，如图3-3-53所示。

②按Ctrl+C，Ctrl+V组合键产生部分树丛的新图层，并将该图层移至最上方。效果如图3-3-54所示。

图3-3-53 选取树丛部分

图3-3-54 例3-8效果图

（4）保存图像。

以"LJG3-8-1.jpg"为文件名保存图像。

2. 通道

图像合成和其他一些特殊处理也经常用到通道技术。通道是Photoshop的高级功能，有颜色通道、Alpha通道和专色通道三类。颜色通道存储颜色信息，可以用各类调色命令编辑颜色通道来改变图像颜色；Alpha通道存储选区信息，可以使用绘图工具和各类滤镜编辑Alpha 通道来修改选区；专色通道存储印刷用的专色。

通道的选择、创建、复制、删除、分离、合并等基本操作都在"通道"面板上完成；如涉及多个图像不同通道的混合，可以使用"图像"菜单下的"计算"和"应用图像"命令。

例3-9：利用"计算""通道混合""应用图像"操作，将两个图像的通道组合在一起，制作"山雨欲来"图像合成效果

（1）打开素材图像，通过"计算"进行通道混合。

①打开素材文件"L3-9-1.jpg""L3-9-2.jpg"。

②执行"图像/计算"命令，在"计算"对话框中进行如下设置：源1选择"L3-9-1.jpg"，通道为"绿"；源2选择"L3-9-2.jpg"，通道为"蓝"；混合模式选择"正片叠底"，如图3-3-55所示。

③单击"确定"按钮，在"窗口"菜单中勾选"通道"，结果如图3-3-56所示，此时可以观察到图像"L3-9-2.jpg"中多了一个Alpha1通道。

（2）通过"应用图像"操作，使用Alpha1通道和蒙版。

①将"L3-9-1.jpg"设置为当前图像，执行"图像/应用图像"命令，源选择"L3-9-2.jpg"，通道选择"Alpha1"，目标为"L3-9-1.jpg"，混合选择"深色"，勾选"反相"。

②勾选"蒙版"，选择蒙版图像为"L3-9-2.jpg"，通道为"红"，如图3-3-57（a）所示。

③单击"确定"按钮后，效果如图3-3-57（b）所示，可以观察到原先晴朗的天空密布了乌云。

图3-3-55 "计算"面板参数

图3-3-56 "通道"面板

（a）应用图像

（b）应用后效果

图3-3-57 通过"应用图像"操作，使用Alpha1通道和蒙版

（3）输入文字。

①输入华文新魏、72点、白色的文字：山雨欲来。

②执行"图层/图层样式/渐变叠加"命令，在"渐变"下拉列表中选择"黑，白渐变"，勾选"反向"，勾选"投影"。最后结果如图3-3-58所示。

图 3-3-58　例 3-9 效果

（4）保存图像。

以 "LJG3-9-1.jpg" 为文件名保存图像。

3.3.6　图像特效

图像特效一般指使用滤镜工具对图像像素的位置、数量、颜色值等信息进行改变，从而使图像瞬间产生各种各样的神奇效果。

与平面设计软件的滤镜特效不同的是，视频特效是将滤镜施加在一段视频剪辑的各个帧上，因而运算量要大得多。

图 3-3-59 是借助 CorelDRAW 的最大值、最小值滤镜产生的重影效果。

（a）原素材

（b）最大值滤镜

（c）最小值滤镜

图 3-3-59　滤镜效果

图3-3-60是借助Illustrator创建的各种图形特效（"效果/变形"命令组、"对象/封套扭曲"命令组）。

（a）图形素材　　　　（b）下弧形　　（c）凸出　　　　（d）旗帜

（e）鱼形　　　　　　　（f）上升　　　　　　　（g）上升+网格建立

图3-3-60　Illustrator变形特效

例3-10：利用"快速蒙版工具""画笔工具""蒙版文字工具"及图层样式命令制作外滩建筑照片特效。

（1）打开素材并解锁背景图层。

①执行"文件/打开"菜单命令，将配套素材文件"L3-10-1.jpg"打开。

②在"图层"面板中双击背景层，将其修改为图层0。

③单击"图层"面板下方的"创建新图层"按钮，新建图层1，并将其移到最下方。

④将前景色设置为白色，用"油漆桶工具"填充图层1。

（2）利用"画笔工具"和"快速蒙版工具"创建蒙版选区。

①在工具箱中选择"画笔工具"，在画笔工具选项栏中选择笔触为"大油彩蜡笔（63）"，大小为"146像素"，如图3-3-61（a）所示。

> **【小贴士】**若属性栏中无"大油彩蜡笔"，则可单击笔触对话框右上角齿轮按钮，选择"湿介质画笔"，然后在选项栏中选择"大油彩蜡笔（63）"，或其他相似的画笔工具。

②单击工具箱下方的"以快速蒙版模式编辑"按钮，用刚才设定的画笔工具在图层0上涂抹，如图3-3-61（b）所示（说明：当切换为"以快速蒙版模式编辑"时，前景色将自动切换为黑色）。

（a）选择"画笔工具"

（b）在画布上涂抹

3-3-61 利用"画笔工具"和"快速蒙版工具"创建蒙版选区

③单击工具箱下方的"以标准模式编辑"按钮，得到如图3-3-62所示选区。

【小贴士】使用"快速蒙版工具"时，首先单击工具箱下方的"以快速蒙版模式编辑"按钮，进入快速蒙版编辑状态。此时，可使用画笔等绘图工具涂抹出蒙版区域，再单击"工具箱"下方的"以标准模式编辑"按钮回到标准编辑状态，可看到通过快速蒙版建立的选区。

④按Delete键删除选区内容，按Ctrl+D组合键取消选区。效果如图3-3-63所示。

图3-3-62 得到选区

图3-3-63 删除选区后效果

（3）利用"蒙版文字工具"和"描边"命令及图层样式功能，建立文字特效。

①新建图层2，选择工具箱中的"横排文字蒙版工具"。在文字工具选项栏中，设置字体"华文行楷"，大小为72点。输入文字"外滩建筑"。

②执行"编辑/描边"命令，设置"白色2像素的居外描边"。按Ctrl+D组合键取消选区。

③ 执行"图层/图层样式/斜面和浮雕"命令，设置样式为"枕状浮雕"，并勾选"投影"。效果如图3-3-64所示。

图3-3-64　例3-10效果图

（4）保存图像。

以"LJG3-10-1.jpg"为文件名保存图像。

在Photoshop中，图像特效通常还运用到两个重要工具：滤镜和蒙版。这两项工具及前面介绍的通道被称为Photoshop的"三大支柱"。

1. 滤镜

滤镜是Photoshop中创建图像特效的工具，种类繁多，功能强大，操作方便。Photoshop有十几种常规滤镜组，分别是"风格化""画笔描边""模糊""模糊画廊""扭曲""锐化""视频""素描""纹理""像素化""渲染""艺术效果""杂色""其他"等。每个滤镜组都包含若干滤镜，共100多个。此外还有"液化""消失点"等多个滤镜插件。Photoshop 除了这些内置滤镜外，还可以方便地使用大量的外挂滤镜，从而使图像瞬间产生令人惊叹的特殊效果。滤镜可以应用在选区、图层、蒙版或通道上。

例3-11：利用"魔术橡皮擦工具"、"亮度/对比度"命令、"蒙版文字工具"制作"灯塔"图像特效。

（1）将蓝天白云合成到灯塔图像中。

① 打开素材文件"L3-11-1.jpg""L3-11-2.jpg"。选择"魔术橡皮擦工具"，在灯塔图像的天空部分单击，使得天空部分变为透明；将该图像的背景图层也转为普通图层，如图3-3-65所示。

② 选择蓝天白云图像，按组合键Ctrl+A，Ctrl+C复制图像，选择灯塔图像，按组合键Ctrl+V粘贴图层。执行"编辑/变换/缩放"命令，将复制后的蓝天白云图层适当调整大小并移动至灯塔图层下方。效果如图3-3-66所示。

图3-3-65 使用魔术橡皮擦使得天空变为透明   图3-3-66 合成蓝天白云图像

（2）对灯塔图层中原先岩石的暗色部分进行适当调整。

①选择图层0（灯塔），用"魔棒工具"单击岩石的暗色部分，如图3-3-67所示。

②执行"图像/调整/亮度/对比度"命令，适当调整亮度、对比度。

③按组合键Ctrl+D取消选区。

图3-3-67 用魔棒选取岩石较暗部分

（3）制作文字效果。

①在"图层"面板单击"创建新图层"按钮，新建图层2，选择"直排文字蒙版工具"，如图3-3-68所示。

图3-3-68 选择"直排文字蒙版工具"

②在文字工具属性栏中设置字体为华文新魏、大小60点，输入"灯塔"。

③执行"编辑/描边"命令，制作宽度为"3像素的居外白色描边"。

④取消选定后，执行"图层/图层样式/渐变叠加"命令，设置"色谱"的渐变，同

时勾选"斜面和浮雕"及"投影"，参数默认，如图3-3-69所示。效果如图3-3-70所示。

图3-3-69　"图层/图层样式"设置　　　　图3-3-70　例3-11效果图

例3-12：利用"魔棒工具"、"斜切"命令、"图层混合模式"及"滤镜工具"，制作"马"书画艺术作品效果。

（1）合成画布和奔马。

①打开素材文件"L3-12-1.jpg""L3-12-2.jpg"，执行"窗口/排列/使所有内容在窗口中浮动"命令。

②选择"魔棒工具"，在奔马图像白色部分单击，执行"选择/选取相似"命令，使该图像中所有白色部分被选中。

③执行"选择/反选"命令，使得图像中的奔马被选中，如图3-3-71（a）所示。

④选择"移动工具"，将奔马选取部分拖曳入画布图像中，如图3-3-71（b）所示。

⑤关闭"L3-12-2.jpg"图像。

（2）调整奔马的角度、位置及大小。

①执行"编辑/变换/斜切"命令，拖曳控制点，调整奔马的角度、位置及大小。

②调整后效果如图3-3-71（c）所示。

（a）　　　　　　　（b）　　　　　　　（c）

图3-3-71　合成画布和马匹

（3）使奔马与画布色彩更加融合。

①在"图层"面板中下拉"设置图层的混合模式"列表，选择其中的"亮光"，如

图 3-3-72 所示。

图 3-3-72 设置图层混合模式

图 3-3-73 设置滤镜效果

② 执行 "滤镜/杂色/添加杂色" 命令，在如图 3-3-73 所示对话框中设置 "数量" 为 10%。

（4）将刻章图像合成到画布中。

① 打开素材文件 "L3-12-3.jpg"，执行 "窗口/排列/使所有内容在窗口中浮动" 命令。

② 选择 "魔棒工具"，单击刻章图像的红色部分。执行 "选择/选取相似" 命令，使该图像中所有红色部分被选中，如图 3-3-74 所示。

图 3-3-74 选取红色印章

③ 用 "移动工具" 将红色的刻章部分拖曳到画布中，形成新图层。

④ 关闭 "L3-12-3.jpg" 图像。

（5）调整刻章大小并设置斜切效果。

① 执行 "编辑/变化/缩放" 命令，适当调整刻章大小。

② 执行 "编辑/变换/斜切" 命令，适当调整刻章的角度。

效果如图 3-3-75 所示。

图 3-3-75　例 3-12 效果图

（6）保存图像。

以"LJG3-12-1.jpg"为文件名保存图像。

例3-13：利用"风""波纹"等滤镜功能、"图层混合模式"和"渐变映射调整图层"及"外发光"的图层样式功能，制作"大好河山"艺术字特效。

（1）新建图像文件。

启动 Photoshop CC，选择"新建"，创建一个"380像素×300像素、分辨率为72像素/英寸、RGB颜色模式、8位、背景色为黑色"的新图像文件。

（2）输入文字并制作文字层副本。

①选择"横排文字工具"，在文字选项栏设置字体为黑体，大小为72点，颜色为白色，输入文字"大好河山"。

②将文字层复制一层，并隐藏文字原图层（单击文字原图层左侧的"眼睛"按钮），如图3-3-76所示。

（3）对文字副本层进行栅格化操作。

在"图层"面板中右击文字副本层，在弹出的快捷菜单中，选择"栅格化文字"。

（4）利用"风格化"滤镜、"波纹"滤镜及"图像旋转"功能对文字副本进行处理。

①选中文字副本层，执行"滤镜/风格化/风"命令，具体参数如图3-3-77所示。按组合键Ctrl+F重复执行一次。

图3-3-76　文字层操作　　　　　　　　　　　图3-3-77　滤镜操作

②执行"图像/图像旋转/顺时针90度"命令，再按组合键Ctrl+F两次，效果如图3-3-78（a）所示。

③执行"图像/图像旋转/180度"命令，再按组合键Ctrl+F两次，效果如图3-3-78（b）所示。

④执行"图像/图像旋转/任意角度"命令，进行270度的顺时针旋转，如图3-3-78（c）所示。再按组合键Ctrl+F两次，效果如图3-3-79所示。

（a）顺时针旋转90度　　　　　　（b）旋转180度　　　　　（c）顺时针旋转270度

图3-3-78　对文字进行旋转及风格化操作

⑤将图像旋转回一开始的角度。

⑥将完成"风"滤镜效果的文字层再复制一个副本，对该副本图层执行"滤镜/扭曲/波纹"命令，数量为100%，大小为"中"，如图3-3-80所示。

图3-3-79　风格化滤镜操作　　　　图3-3-80　波纹滤镜操作

（5）设置图层混合模式。

在"图层"面板中下拉"设置图层的混合模式"列表，选择其中的"排除"，效果如图3-3-81所示。

（6）制作文字"外发光"图层样式。

①将原先隐藏的文字原图层显示并移动到最上层。

②将该文字原图层的文字颜色修改为黑色。

③执行"图层/图层样式/外发光"命令，"不透明度"设置为75%，颜色为黄色，如图3-3-82所示。

图3-3-81　图层的混合模式操作　　　图3-3-82　图层样式操作

（7）新建"渐变映射"调整图层。

①在"图层"面板下方单击"创建新的填充或调整图层"按钮，在弹出的"快捷架单"中"渐变映射"。

②打开如图3-3-83所示的"渐变编辑器"，在"预设"中，选择"橙、黄、橙渐变"，单击"确定"。效果如图3-3-84所示。

图 3-3-83　渐变编辑器操作

图 3-3-84　例 3-13 效果图

（8）保存图像。

以 "LJG3-13-1.jpg" 为文件名保存图像。

2. 蒙版

在 Photoshop 中，蒙版主要用于图像的遮盖。Photoshop 提供了三类蒙版：图层蒙版、矢量蒙版和剪贴蒙版。其中图层蒙版应用比较广泛。

图层蒙版附着在图层上，不破坏图层内容但能控制该图层像素的显示与隐藏。图层蒙版以 8 位灰度图像的形式存在，黑色隐藏图层对应区域，白色则显示图层对应区域，灰色则半透明显示对应区域。透明程度由灰色深浅决定。可以使用各种绘画与填充工具、图像修整工具及相关的菜单命令对图层蒙版进行编辑和修改。

（1）添加图层蒙版。

选择要添加蒙版的图层，采用下述方法之一添加图层蒙版。

①单击 "图层" 面板下方的 "添加蒙版" 按钮 ，或选择菜单命令 "图层/图层蒙版/显示全部"，可以创建一个白色的蒙版（图层缩览图右边的附加缩览图表示图层蒙版）。白色蒙版对图层的内容显示无任何影响。

②按 Alt 键单击 "图层" 面板下方的 按钮，或选择菜单命令 "图层/图层蒙版/隐藏全部"，可以创建一个黑色的蒙版。黑色蒙版隐藏了对应图层的所有内容。

③在存在选区的情况下，单击 按钮，或选择菜单命令 "图层/图层蒙版显示选区"，将基于选区创建蒙版。此时，选区内的蒙版填充白色，选区外的蒙版填充黑色。按 Alt 键单击 按钮，或选择菜单命令 "图层/图层蒙版/隐藏选区"，则产生的蒙版正好相反。

背景层不能添加图层蒙版，只有将背景层转化为普通层后，才能添加图层蒙版。

（2）删除图层蒙版。

在 "图层" 面板上，选择图层蒙版的缩览图，单击面板下方的 按钮，或选择菜单命令"图层图层蒙版/删除"。在弹出的提示框中单击"应用"按钮，将删除图层蒙版，同时蒙版效果被永久地应用在图层上（图层遭到破坏）；单击"删除"按钮，则在删除图层蒙版后，蒙版效果不会应用到图层上。

（3）在蒙版编辑状态与图层编辑状态之间切换。

在"图层"面板上，单击图层缩览图，则图层缩览图周围显示有边框，表示当前处于图层编辑状态，所有的编辑操作都是作用在图层上，对蒙版没有任何影响。

若单击图层蒙版缩览图，则图层蒙版缩览图的周围显示有边框，表示当前处于图层蒙版编辑状态，所有的编辑操作都是作用在图层蒙版上。

例3-14： 使用"图层蒙版""渐变工具""镜头光晕滤镜"及"斜面和浮雕""投影""渐变叠加"的图层样式，制作"塞外牧场"图像效果。

（1）打开素材图像并合成图像。

① 打开素材文件"L3-14-1.jpg""L3-14-2.jpg"，执行"窗口/排列/使所有内容在窗口中浮动"命令。

② 选择"移动工具"，将图像"L3-14-1.jpg"拖曳到图像"L3-14-2.jpg"中，形成图层1。

③ 执行"编辑/变换/缩放"命令，适当调整图层1大小，关闭"L3-14-1.jpg"图像。

（2）利用"图层蒙版"及"渐变工具"制作山坡与奔马图像的混色效果。

① 选中图层1，单击"图层"面板下方的"添加图层蒙版"按钮，此时在图层1上添加了一个白色的图层蒙版，如图3-3-85（a）所示。

② 将前景色设置为白色，背景色设置为黑色。选择"渐变工具"，在渐变工具选项栏选择"从前景色到背景色渐变"，渐变类型为"线性渐变"。

③ 按住Shift键，从图像的中部左侧向右侧拖曳，结果如图3-3-85（b）所示。

（a）添加图层蒙版　　　　　　　　　　（b）设置线性渐变

图3-3-85 利用"图层蒙版"及"渐变工具"制作"塞外牧场"图像效果

（3）对长城部分设置"斜面和浮雕"的图层样式。

① 选择图层1，选择"磁性套索工具"，拖曳鼠标，勾勒出长城选区，如图3-3-86所示。

② 按组合键Ctrl+C和Ctrl+V，将选区复制为图层，使该图层位于最上层，如图3-3-87所示。

图3-3-86 磁性套索勾勒长城

图3-3-87 复制图层

③选择图层2，执行"图层/图层样式/斜面和浮雕"命令，在弹出的对话框中单击"确定"按钮。

（4）输入文字。

①选择"直排文字工具"，在文字选项栏设置字体为黑体、大小为60点，输入文字"塞外牧场"。

②执行"图层/图层样式/渐变叠加"命令，在如图3-3-88所示的对话框中选择"色谱"，并勾选"投影"。

图3-3-88 色谱的渐变叠加

图3-3-89 例3-14效果图

（5）设置"镜头光晕"滤镜效果。

选择图层1，执行"滤镜/渲染/镜头光晕"命令，在对话框中选择"电影镜头"并适当调整镜头位置。效果如图3-3-89所示。

（6）保存图像。

以"LJG3-14-1.jpg"为文件名保存图像。

例3-15：利用"快速蒙版工具"、"蒙版"操作、"色相/饱和度"命令及"文字工具"、"斜面和浮雕"的图层样式，制作"牧马人"图像效果。

（1）合成草原和牧马人。

①打开素材文件"L3-15-1.jpg""L3-15-2.jpg"，执行"窗口/排列/使所有内容在窗口中浮动"命令。

②执行"视图/放大"命令，适当放大"L3-15-1.jpg"，单击"以快速蒙版模式编

辑"按钮。

③选择"画笔工具",将前景色设置为黑色,用"画笔工具"在牧马人及马匹上面涂抹。在涂抹比较细微的部位时,可在画笔工具选项栏将笔触大小适当缩小,如图3-3-90(a)所示。

④当涂抹完毕后,相应的图像部分呈现为红色,如图3-3-90(b)所示。

(a)选择画笔笔触　　　　　　　(b)用快速蒙版选取牧马人

图3-3-90　用快速蒙版工具及画笔选取牧马人

⑤单击"以标准模式编辑"按钮。执行"选择/反选"命令,得到牧马人选区,如图3-3-91所示。

⑥使用"移动工具"将牧马人选区内容拖曳到"L3-15-2.jpg"中适当位置,完成合成。

(2)调整牧马人角度并将马蹄隐没在草丛中。

①执行"编辑/自由变换"命令,适当调整牧马人角度。

②在"图层"面板单击"添加图层蒙版"按钮,为牧马人图层添加蒙版。

③将前景色设置为白色,背景色设置为黑色,选择"线性渐变"工具,在蒙版适当位置拖曳,使得马蹄隐入草丛中,如图3-3-92所示。

图3-3-91　牧马人选区　　　**图3-3-92　调整牧马人角度并将马蹄隐没在草丛中**

(3)使山坡呈现出鲜花盛开的效果。

①在"图层"面板中选择背景层,用"魔棒工具"单击山坡部分,使其被选中,如

图3-3-93（a）所示。

②执行"图像/调整/色相/饱和度"命令，设置参数为色相67、饱和度+81、明度+15，使山坡呈现出鲜花盛开的效果，如图3-3-93（b）所示。

（a）魔棒选取草地　　　　　　　　　　（b）设置色相/饱和度

图3-3-93　设置草原颜色

（4）输入文字并设置图层样式。

①选择"直排文字工具"，字体为华文新魏、72点、白色，输入文字"牧马人"。

②执行"图层/图层样式"命令，设置"斜面和浮雕"及"投影"的图层样式。效果如图3-3-94所示。

图3-3-94　例3-15效果图

（5）保存图像。

以"LJG3-15-1.jpg"为文件名保存图像。

3.3.7　习题与实践

1. 简答题

（1）在Photoshop中，"编辑"菜单中的"描边"命令与"图层"菜单中的"描边"命令在使用时有何区别？

（2）如果希望文字层能够像普通图层一样操作，则应对该文字层做何操作？

（3）渐变与渐变叠加有何区别？

2. 实践题

请将以下所有实验内容的结果保存在自己创建的C:/KS文件夹中。

（1）利用"渐变工具"，制作如样张"SYYZ3-1-1.jpg"所示的"硕果累累"效果。

① 打开素材图像"SY3-1-1.jpg"，在工具箱中选择将前景色设置为白色。

② 选择"渐变工具"，在"渐变工具"选项栏中设置"从前景到透明""线性渐变"，并按下"反向渐变颜色"。

③ 从图像的中心位置开始向图像的左侧拖曳鼠标。

④ 在工具箱中选择"直排文字工具"，字体设置为华文行楷、60点、蓝色。

⑤ 输入文字：硕果累累。效果如图3-3-95所示。

图3-3-95 "硕果累累"效果图

⑥ 以"SYJG3-1-1.jpg"为文件名保存图像。

（2）利用"仿制图章工具"，将一个图像中的云彩复制到另一个图像中，制作如样张"SYYZ3-2-1.jpg"所示的蓝天白云效果。

① 打开素材图像"SY3-2-1.jpg""SY3-2-2.jpg"，执行"窗口/排列/平铺"命令，使两个图像在窗口中平铺。

② 使"SY3-2-1.jpg"为当前图像，单击"图层"面板下方的"创建新图层"命令，建立一个新图层。

③ 使"SY3-2-2.jpg"为当前图像，选择"仿制图章工具"，按住Alt键，在"SY3-2-2.jpg"图像的云彩处单击。

④ 使"SY3-2-1.jpg"为当前图像，选择刚才新建的图层，用仿制图章工具在该图层上涂抹，使得云彩被复制。效果如图3-3-96所示。

图3-3-96 "蓝天白云"效果图

⑤ 以"SYJG3-2-1.jpg"为文件名保存图像。

（3）使用"铅笔工具"及调整画布大小命令，制作如样张"SYYZ3-3-1.jpg"所示的邮票效果。

① 打开素材图像"SY3-3-1.jpg"，执行"图像/画布大小"命令，勾选"相对"，设置"画布扩展颜色"为白色，高宽各度扩展0.5厘米。

② 再次执行"图像/画布大小"命令，勾选"相对"，设置"画布扩展颜色"为黑色，高宽各扩展0.5厘米。

③ 选择"铅笔工具"，设置笔触大小为30，设置画笔笔尖形状间距为160%，设置前景色为黑色。

④ 配合Shift键，用"铅笔工具"沿白框画直线。效果如图3-3-97所示。

图3-3-97 "邮票"效果图

⑤ 以"SYJG3-3-1.jpg"为文件名保存图像。

（4）利用"魔棒工具""图层蒙版""渐变工具""图像亮度和对比度调整"及图层样式等方法制作如样张"SYYZ3-4-1.jpg"所示的"海上生明月"图像效果。

① 打开素材图像"SY3-4-1.jpg""SY3-4-2.jpg"，执行"图像/调整/亮度/对比度"命令，将月亮图像的亮度调整为88。

②用"魔棒工具"单击月亮图像黑色部分并执行"选择/反选"命令，选取月亮部分。

③使用"移动工具"将月亮选区拖曳到海滩风景图像中，执行"编辑/变换/缩放"命令适当调整月亮大小。关闭图像"SY3-4-2.jpg"。

④选中月亮图像，单击"图层"面板下方的"添加图层蒙版"按钮。

⑤将前景色设置为白色，背景色设置为黑色，选择"渐变工具"，设置"从前景色到背景色渐变""线性渐变"，在蒙版上适当位置向下拖曳鼠标，将月亮的下半部分逐渐隐入大海。

⑥在工具箱中选择"直排文字工具"，字体设置为幼圆、24点、白色。

⑦输入文字"海上生明月"。执行"图层/图层样式/外发光"命令，参数默认。效果如图3-3-98所示。

图3-3-98 "海上生明月"效果图

⑧以"SYJG3-4-1.jpg"为文件名保存图像。

（5）利用"选区""蒙版""图层样式"工具，制作如样张"SYYZ3-5-1.jpg"所示的"花仙子"图像效果。

①打开素材图像"SY3-5-1.jpg""SY3-5-2.jpg""SY3-5-3.jpg"。执行"窗口/排列/使所有内容在窗口中浮动"命令，使三个图像在窗口中浮动。

②将"SY3-5-1.jpg"图像解锁，使用"移动工具"将"SY3-5-2.jpg"拖曳到"SY3-5-1.jpg"中，调整大小并置于底层。

③使用"魔棒工具"在"SY3-5-3.jpg"图像白色部分单击，按住Shift键，单击其他未选中的白色部分，然后反选获得卡通人物选区。

④将选区移动到"SY3-5-1.jpg"图像的图层0中，单击"添加图层蒙版"按钮。

【小贴士】移动选区不能用"移动工具"，因为它移动的是选区的内容，用勾勒出选区的魔棒、套索、选框工具等移动的才是选区本身。

⑤ 对图层 0 设置"投影"图层样式。

⑥ 选择"横排文字工具"，字体设置为华文彩云、150 点、红色，输入"花仙子"。

⑦ 执行"图层/图层样式/斜面和浮雕"命令，选择"外斜面"样式。效果如图 3-3-99 所示。

图 3-3-99　"花仙子"效果图

⑧ 保存图像，以"SYJG3-5-1.jpg"为文件名保存。

（6）利用素材图像"SY3-6-1.jpg""SY3-6-2.jpg""SY3-6-3.jpg"，制作如样张"SYYZ3-6-1.jpg"所示的"书法"图像效果。

① 打开文件"SY3-6-2.jpg"。按组合键 Ctrl+A 全选图像，按组合键 Ctrl+C 复制图像。

② 打开文件"SY3-6-1.jpg"。按组合键 Ctrl+V 粘贴图像，将书法图像复制到小镇图像中，得到图层 1。执行"编辑/自由变换"命令，适当缩小图层 1 的图像。将图层 1 的混合模式设置为"变暗"。

③ 打开文件"SY3-6-3.jpg"。用矩形选框工具框选图中的渔火及其倒影，并复制到"SY3-6-1.jpg"中，得到图层 2。将图层 2 的混合模式设置为"变亮"。

④ 将图层 2 中的渔火及倒影移到左侧船头。用"橡皮擦工具"擦除渔火周围多余颜色。效果如图 3-3-100 所示。

图 3-3-100 "书法" 效果图

⑤ 以 "SYJG3-6-1.jpg" 为文件名保存图像。

（7）利用素材图像 "SY3-7-1.jpg" 制作如样张 "SYYZ3-7-1.jpg" 所示的 "破损老照片" 图像效果。

① 打开文件 "SY3-7-1.jpg"，复制图层，对副本层执行 "图像/调整调均化" 命令。

② 对副本层执行 "图像/调整/去色" 命令。

③ 对副本层执行 "图像/调整/色相/饱和度" 命令，勾选 "着色"，设置参数为 40，40，0。

④ 执行 "滤镜/滤镜库/艺术效果/胶片颗粒" 命令，设置参数为 4，0，2。

⑤ 创建新的图层，执行 "滤镜/渲染/云彩" 命令。设置新图层的图层混合模式为 "叠加"，图层不透明度为 50%。

⑥ 再次创建新图层，执行 "滤镜/渲染/云彩" 命令，执行 "图像/调整/阈值" 命令，设置 "阈值色价" 为 +100。

⑦ 执行 "图像/调整/反相" 命令，设置图层 2 的图层混合模式为 "颜色减淡"。效果如图 3-3-101 所示。

图 3-3-101 "破损老照片" 效果图

⑧ 以"SYJG3-7-1.jpg"为文件名保存图像。

（8）利用"滤镜""图像/调整""图像混合模式"等制作如样张"SYYZ3-8-1.jpg"所示的桌面壁纸图像效果。

① 新建"640像素×480像素"的白色背景图像。执行"滤镜/像素化/点状化"命令，将单元格大小设置为20。

② 执行"图像/调整/阈值"命令，将阈值色阶设置为255。

③ 执行"滤镜/模糊/动感模糊"命令，设置角度90、距离999。

④ 执行"滤镜/扭曲/极坐标"命令，参数100%、"平面坐标到极坐标"，形成壁纸的放射光效果。

⑤ 执行"滤镜/扭曲/旋转扭曲"命令，将角度设置为95，将放射光线设置为以中心位置旋转。

⑥ 执行"图像/调整/反相"命令，当前的黑白像素反相。

⑦ 执行"图像/调整/反相"命令，执行"图像/调整/色相/饱和度"命令，勾选"着色"、色相320、饱和度50、明度-10。将其调整为紫色。

⑧ 复制图层，执行"编辑/变换/垂直翻转"命令，将副本层翻转。

⑨ 将副本层的图像混合模式设置为"柔光"。效果如图3-3-102所示。

图3-3-102 "桌面壁纸"效果图

⑩ 以"SYJG3-8-1.jpg"为文件名保存图像。

（9）利用"蒙版""魔棒"工具，制作如样张"SYYZ3-9-1.jpg"所示的"彩条小丑"图像效果。

① 打开素材图像"SY3-9-1.jpg"，单击图层面板下方的"创建新图层"按钮，新建"图层1"。

② 将前景色设置为绿色，选择"工具箱"中的"矩形选框工具"及"油漆桶工具"，在图层1上绘出若干矩形绿色彩条。

③ 保持选区，右击图层1，选择"复制图层"命令，产生图层1拷贝。

④ 将前景色设置为红色，用"油漆桶工具"填充图层1拷贝选区。

⑤ 关闭图层1和图层1拷贝的可见性，选中背景层，按组合键Ctrl+D取消选区。

⑥ 使用"魔棒工具"选中背景图层小丑图像的红色部分，保持选区。

⑦ 打开图层（绿色彩条图层）的可视性，选中图层1。单击"图层"面板下方的"添加图层蒙版"按钮，在图层1上添加蒙版。

⑧ 选中背景层，使用"魔棒"工具选择背景层小丑图像的绿色部分，保持选区。

⑨ 打开图层1拷贝（红色彩条涂层）的可视性，选中图层1拷贝。单击"图层"面板下方的"添加图层蒙版"按钮，在图层1拷贝上添加蒙版。效果如图3-3-103所示。

图3-3-103 "彩条小丑"效果图

⑩ 以"SYJG3-9-1.jpg"为文件名保存图像。

3.4 图像识别与图像检索

3.4.1 图像识别

我们对见过的人，再次见到时会认出来；走过的地方的场景，再次来到时也可以回忆起来。这是因为人本身有很强的图像记忆和识别能力，通过大脑的分析和记忆，对各种物品、人物都能自然而然地识别出来。本书中所介绍的图像识别是指利用计算机对图像进行处理、分析和理解，让计算机能够识别出各种不同模式的目标和对象的技术，它由图像处理技术发展而来，是图像检索、计算机视觉等方面的基础，在能进行图像识别的基础上，就可以对图像进行检索。

1. 传统图像识别技术

对图像识别的研究可以追溯到20世纪80年代，主要是以图像特征为基础的。这里的图像特征包括形状、轮廓、色彩、纹理等方面，通过特征，可以将不同的图像区分开来。例如字母V有个尖、B有两个圈，而Z有两个折角，等等，这些就是形状特征。

图像在计算机中是用二进制来表示的，如图3-4-1所示，左图为图像，右图是该图像对应的二进制代码的十六进制表示（部分区域）。因此传统图像处理的方法就是通过建立图像的各种数学模型来分析图像的各种特征，并对图像中各个像素对应的数据进行相关的运算，使其达到一定的变化效果，如图像降噪、增强、压缩、添加和去除水印等。

图3-4-1　图像及其在计算机中存储的二进制数据（以十六进制法表示）

对于人的视觉系统来说，对图像的识别也是依靠图像的各种特征。研究表明，人的视线总是集中在图像的主要特征上，也就是集中在图像轮廓曲度最大或轮廓方向突然改变的地方，这些地方的信息量最大，而且眼睛的扫描路线也总是依次从一个特征转到另一个特征上。由此可见，在图像识别过程中，知觉机制必须排除输入的多余信息，抽出关键的信息。同时，在大脑里必定有一个负责整合信息的机制，它能把分阶段获得的信息整理成一个完整的知觉映象。

对图像识别的传统研究是建立在对人类的图像识别基础上的，因此，学者们试图从复杂的图像中利用数学模型将图像的轮廓、纹理或者颜色信息提取出来，并与要查询的图像的相关信息相匹配。但是由于图像本身的复杂多样特性，提取特征方法的不同会造成匹配结果有比较大的差异。例如要查找日出图像（如图3-4-2所示），单单通过颜色描述，计算机是很难准确查找的。如果通过纹理的描述、画面构成的描述等查找，一方面，要精确描述图像的特征本身就是一件比较困难的事情，这样的描述还需要转换成数学模型；另一方面，大量被查找的图像也需要使用相同的数学模型进行转换，才能从两方面使图像相匹配，这涉及大量的运算，传统计算机的运算能力也不足以满足需要，因此传统图像处理的方法对图像识别的研究作用比较有限，识别率也比较低，无法满足人们的日常需要。

因此，传统的图像识别比较多地是使用文字标注的方法，即使用文字说明对图像特征进行描述，然后按关键字词进行检索，将对图像的检索转换为对文字的检索。

但随着数码相机、数字化摄像设备、监控设备等图像获取设备的普及，计算机获取到的图像数量呈几何级数增长，大量数据根本来不及进行人工标注，而且不同的人对图像的理解可以不同，标注的文字也千差万别，这给基于关键字词的图像检索带来了一定的挑战，人们需要有更先进高效的方法进行图像检索。

图3-4-2　等待检索的日出图像

2. 基于人工智能的图像识别技术

随着人工智能技术的发展，图像识别也逐渐进入人们的日常生活。百度推出了识图功能，如图3-4-3所示。将图3-4-1左侧图片上传后，网页上显示如图3-4-4所示的识别结果。那么人工智能技术怎样解决传统图像识别所遇到的问题？其过程是怎样实施的呢？

图3-4-3　百度识图主界面

图3-4-4　识图举例结果

基于人工智能方法的数字图像的识别过程如图3-4-5所示。

图3-4-5　图像识别过程

可以通过照相机或其他数码设备采集图像输入计算机，然后对图像进行预处理，如A/D转换、二值化、平滑、变换、增强、恢复、滤波等，以得到图像的特征数据。接下来，需要从预处理后得到的大量数据中抽选出能够代表图像的特征数据，这些特征可以是图像的边缘、角点、纹理或者代表性的区域，通过特征提取，数据量可以适当下降，提高后续计算的效率。训练这一步是用于确定判决规则，按此类判决规则分类时，错误率最低，这个步骤也被称为分类器设计。而分类决策用于对待识别图像的分类。

（1）图像的预处理。

图像预处理的主要目的是消除图像中无关的信息，恢复有用的真实信息，增强有关信息的可检测性和最大限度地简化数据，从而改进特征提取、图像分割、匹配和识别的可靠性。一般预处理的过程为图像的灰度化、几何变换、图像增强。

① 图像的灰度化。对于彩色图像来说，图像的色彩源于多个通道，如果对每个通道都要进行预处理，将会很浪费时间。因此，为了达到提高整个应用系统的处理速度的目的，需要减少所需处理的数据量，这可以通过对图像灰度化方法来实现。

② 图像的几何变换，又称为图像的空间变换。对于采集到的图像，如果存在几何变形，则可以通过几何变换的方法进行校正，具体包括平移、转置、镜像、旋转、缩放等几何变换，用于改正图像采集系统的系统误差和仪器位置（成像角度、透视关系乃至镜头自身原因）的随机误差，在此过程中，还需要使用灰度插值算法使输出图像的像素映射到输入图像的整数坐标系中。

③ 图像增强。这一步是为了增强图像中的有用信息，它可以是一个失真的过程，其目的是要改善图像的视觉效果，针对给定图像的应用场合，有目的地强调图像的整体或局部特性，将原来不清晰的图像变得清晰或强调某些感兴趣的特征，扩大图像中不同物体特征之间的差别，抑制不感兴趣的特征，使之改善图像质量、丰富信息量，增强图像判读和识别效果，满足某些特殊分析的需要。

（2）特征提取。

图像的特征就是能使图像与其他图像有差异的特点集合，例如如果要区分图3-4-6中的两种花卉，就可以将花瓣的长度、宽度等方面作为特征进行区分。

图3-4-6 荷花与菊花图片的特征

图像本身在计算机中以数字化形式存在，图像的特征是计算机通过对原始图像数据分析之后获得的新数据，例如花瓣长度、宽度，或者两者的比例、周长、色彩灰度的平均值等数据。每种类型的花都有其独特的相关特征数据，将大量的花的相关数据存储在一起形成花卉图像的数据集。

（3）利用数据集训练得到分类器模型。

当面前有大量的待分类的物品时，人们首先会根据物品的特征对它们进行区分并确定类别，然后根据获取到的物品的特征，将它归到合适的类别中。随着归类物品的增加，特征与类别的对应关系在脑海中形成了经验，当又有物品需要分类时，根据脑海中的经验，就可以将物品归到合适的类别中。利用数据集训练得到分类器模型的过程就类似于在物品分类中积累获得经验的过程。

例如，当果农收获苹果后，通常会根据苹果果径的大小分类后再出售，获得更高的价值。为了方便对果实进行分类，对于没有经验的人来说，通常是在拿到一个苹果后对其测量，获得其果径。当测量的苹果数量增加到一定程度时，果农就有了经验，果径的大小会在一定范围内。图3-4-7所示为苹果按果径大小分类，通常可以定义一定范围内的果径为一类，如86~95，81~85，76~80，65~75 mm。如果将这种分类经验制作成一个模型，如图3-4-8所示，那么对于没有经验的果农的帮工来说，利用模型对新的苹果进行分类就会方便快速许多。

直径90 mm　　直径85 mm　　直径80 mm　　直径75 mm　　直径70 mm

图3-4-7　苹果按果径大小分类

图3-4-8　果径分类器示意图

以上的物品分类使用的是人类的智慧和经验，而对于计算机来说，如果要对图像进行分类，则是根据图像特征积累经验。这个过程是通过数学方法，从大量数据中获得模型，然后再利用模型，对新的图像进行分类，这就是当前的人工智能方法。在人工智能领域，常见的分类方法包括支持向量机、K近邻算法、朴素贝叶斯、卷积神经网络等。

3.4.2　图像检索

随着互联网和多媒体技术的飞速发展，全球数字媒体资源数量正以惊人的速度增长。图像蕴藏着比文本更丰富的信息，其本身易于超越文化、种族和时间障碍，传递更丰富的情感和意境。对于浩如烟海的图像信息，应进行有效地组织和管理，使得图像的分析及检索的研究具有现实而广泛的应用意义和价值。

在过去，检索图像资源主要使用的是基于文本的图像检索（Text-based Image Retrieval，TBIR）方法，利用文本描述的方式表示图像的特征。其本质是手工对图像进行标注，然后利用数据库管理系统的查询机制，用查询关键字与图像库中标注的词语进行匹配完成检索。

20世纪90年代，基于内容的图像检索技术（content-based image retrieval，CBIR）应运而生，该方法对图像的视觉内容（颜色、纹理、形状等）进行分析。CBIR的优点是不需要人为干预和解释图像包含的客观视觉特性，而是让计算机自动提取和存储图像特征。

图形特征是对图像属性的描述。图像的特征包括视觉感受、描述对象或场景、人们的感知。每幅图像都有自己的特征，有的特征是视觉能直接感受到的（颜色、纹理等），有的特征是描述图像中包含的对象或者场景，还有的特征是通过人们感知获得的。

自CBIR技术诞生以来，国内外研究学者对图像低层和高层特征提取和图像检索技术进行了大量研究和实验，力图找到描述图像的有效特征和高效的图像检索方法。在大量数据集训练得到图像分类模型之后，将新的图像提供给计算机上的这个分类模型之后，分类器就能比较准确地将图像进行合理的分类，即完成识别。如果计算机能对图像进行识别，那么它就能在大量图像中找到相匹配的图像，即完成图像的检索。

目前，计算机获得图像的渠道越来越多，运算的速度也越来越快，这使得像卷积神经网络这类运算复杂且需要大量数据才能获得好的分类器模型的方法得到比较广泛的应用，这也就是为什么现在图像识别的准确率能越来越高，达到了可以满足日常生活和各种商业活动的需要的级别。

3.4.3　计算机视觉

计算机视觉是使用计算机及相关设备对生物视觉的模拟，是研究如何让机器"看"的科学，即怎样用计算机代替人眼对目标进行识别、跟踪和测量，并进一步做图像处理，使目标图像成为适合人眼观察或传送给仪器检测的图像。

计算机视觉的关键就是识别技术，根据识别对象的差异，可以把计算机视觉的识别技术分为物体识别、物体属性识别和物体行为识别。

物体识别分为对不同物体进行归类和对同类物体进行区分和鉴别，具体包含了字符识别、人体识别（如人脸、指纹、虹膜等）和其他物体的识别三大类。物体属性识别是结合地图模型让物体在视觉的三维空间里得到记忆的重建，进而进行场景的分析和判断。物体行为识别分为三个进阶的步骤：移动识别判断物体是否做了位移，动作识别判断物体做的是什么动作，行为识别是结合视觉主体和场景的交互做出行为的分析和判断。

可见，计算机视觉的关键是图像识别，其流程如图3-4-9所示。

图3-4-9　计算机视觉的识别流程

类似于人工智能图像识别，计算机视觉的识别流程也是分为两条路线：训练模型和识别图像。

训练模型：训练模型中的样本数据包括正样本（包含待检目标的样本）和负样本（不包含目标的样本），视觉系统利用算法对原始样本进行特征的选择和提取，训练出分类器（模型）；因为样本数据的量非常大，提取出来的特征数据就更可观了，为了缩短训练时间，通常会人为地加入知识库（提前告诉计算机一些规则），或者引入限制条件来缩小搜索空间。

识别图像：通过对图像进行信号变换、降噪等预处理，再利用分类器对图像进行目标检测，一般检测过程为，用一个扫描子窗口在待检测的图像中不断地移位滑动，子窗口每到一个位置就会计算出该区域的特征，然后用训练好的分类器对该特征进行筛选，判断该区域是否为目标。

3.4.4　图像识别与计算机视觉的应用

对于普通人来说，70%以上的信息源于视觉系统，因此图像识别与计算机视觉的应用非常广泛，根据IT桔子网的数据，至2019年5月，国内图像识别领域相关的公司已达到1843家，计算机视觉相关的公司达到了3579家。它们的应用场景包括人脸识别、监控分析、驾驶辅助或智能驾驶、三维图像视觉、工业视觉检测、医疗影像诊断、文字识别、图像及视频编辑创作等多个方面。

1. 人脸识别

人脸识别是人工智能视觉与图像领域中最热门的应用，《麻省理工科技评论》发布

2017全球十大突破性技术榜单，来自中国的技术刷脸支付位列其中。这是该榜单创建16年来首个来自中国的技术突破。人脸识别技术目前已经广泛应用于金融、司法、军队、公安、边检、政府、航天、电力、工业、教育、医疗等行业。智能手机上如果安装了人脸识别系统，便可完成刷脸开启、刷脸支付等功能。拍摄数码照片时，取景框中会自动框取人脸也是人脸识别的应用之一。

2. 监控分析

人工智能技术可以对结构化的人、车、物等视频内容信息进行快速检索、查询。这项应用可以帮助公安人员在繁杂的监控视频中高效地搜寻犯罪嫌疑人。在大量人群流动的交通枢纽中，该技术也被广泛用于人群分析、防控预警等方面。

3. 驾驶辅助、智能驾驶

随着汽车的普及，汽车行业已经成为人工智能技术应用的重点方向。但就目前来说，距离技术成熟、完全实现自动驾驶还有一段距离。不过利用人工智能技术，汽车的驾驶辅助功能及应用越来越多，这些应用多半是基于计算机视觉和图像处理技术来实现的。伴随着5G时代的到来，无人驾驶将离人们的生活越来越近。

4. 三维图像视觉

三维图像视觉主要是对三维物体的识别，应用于三维视觉建模、三维测绘等领域。

5. 工业视觉检测

机器视觉可以快速获取大量信息，并进行自动处理。在自动化生产过程中，人们将机器视觉系统广泛地用于工况监视、成品检验和质量控制等领域。

机器视觉系统的特点是提高生产的柔性和自动化程度。运用在一些危险工作环境或人工视觉难以满足要求的场合；此外，在大批量工业生产过程中，机器视觉检测可以大大提高生产效率和生产的自动化程度。

6. 医疗影像诊断

医疗数据中有超过90%的数据来自医疗影像。医疗影像领域拥有孕育深度学习的海量数据，医疗影像诊断可以帮助提升医生诊断的效率。

7. 文字识别

计算机文字识别俗称光学字符识别，是利用光学技术和计算机技术把印在或写在纸上的文字读取出来，并转换成一种计算机能够接受、人又可以理解的格式，这是实现文字高速录入的一项关键技术。

8. 图像及视频编辑创作

目前，运用机器学习算法对图像进行处理，可以实现对图片的自动修复、美化、变换效果等操作，因此越来越受到用户青睐。

人工智能视觉与图像领域企业分布如图3-4-10所示。

图3-4-10　人工智能视觉与图像领域企业分布

3.4.5　习题与实践

1. 简答题

（1）请列举日常生活中有哪些图像识别应用。

（2）人工智能和大数据在图像识别及图像检索中能发挥什么样的作用？

（3）如何正确处理公共场所中大量的人脸识别应用与公众对个人隐私保护要求之间的关系？

2. 实践题

（1）通过"形色"小程序，识别并了解你所看到的花朵及相关知识。

①安装小程序"形色"并运行。

②单击"拍照识花"按钮，将镜头对准你所想认识并了解的花朵。

③单击"确定"及"完成"按钮，此时出现有关花朵的简单介绍。

④单击"更多介绍"，可展开有关的诗词赏花、趣说花草、植物文化、植物养护、植物价值等各种信息。

⑤生成美图并分享。

（2）尝试使用小程序"拍图识字"，将一张图片上的文字识别为字符。

3.5　综合练习

一、单选题

1. 以下不是扫描仪的主要技术指标是_____。

　A. 分辨率　　　　　　　B. 色深度及灰度　　　　　C. 扫描幅度　　　　　　D. 厂家品牌

2. 以下叙述正确的是_____。

A. 图形属于图像的一种，是计算机绘制的画面

B. 经扫描仪输入计算机后，可以得到由像素组成的图像

C. 经摄像机输入计算机后，可转换成由像素组成的图形

D. 图像经数字压缩处理后可得到图形

3. 以下叙述错误的是_____。

A. 位图图像由数字阵列信息组成，阵列中的各项数字用来描述构成图像的各个像素点的位置和颜色等信息

B. 矢量图文件中所记录的指令用于描述构成该图形的所有图元的位置、形状、大小和维数等信息

C. 矢量图不会因为放大而产生马赛克现象

D. 将位图图像放大显示时，其中像素的数量会相应增加

4. 以下叙述正确的是_____。

A. 位图是用一组指令集合来描述图片内容的

B. 图像分辨率为800像素×600像素，表示垂直方向有800个像素，水平方向有600个像素

C. 表示图像的色彩位数越少，同样大小的图像所占用的存储空间越小

D. 彩色图像的质量是由图像的分辨率决定的

5. 以下不属于扫描仪应用领域的是_____。

A. 扫描图像　　　　　　　　　　　B. 光学字符识别（OCR）

C. 生成任意物体的3D模型　　　　　D. 图像处理

6. 以下关于图像识别的应用，说法错误的是_____。

A. 图像识别可以用于图像检索　　　B. 图像识别可以用于图像处理

C. 图像识别可以用于安全防范　　　D. 图像识别可以用于自动驾驶

7. 以下不属于计算机图像识别技术的是_____。

A. 用数学模型将图像轮廓提取出来　B. 人工用文字对图像进行标注

C. 机器学习后自动分类　　　　　　D. 用数据模型将图像颜色提取出来

8. 以下属于图像识别与检索的关键技术的是_____。

A. 数据压缩　　　B. 特征提取　　　C. 文字标注　　　D. 色彩提取

9. 以下不属于人工智能方法进行图像识别中预处理技术范畴的是_____。

A. 特征提取　　　B. 图像的灰度化　　　C. 几何变换　　　D. 图像增强

二、填空题

1. 将一幅图片放大到一定倍数后出现马赛克现象，则该图片为_____类别的。

2. 多媒体计算机获取图像的方法有使用数码相机、_____、数码摄像机、数码摄像头、视频捕捉卡，以及直接在计算机上绘图等。

3. 在屏幕上显示的图像通常有两种描述方法，一种称为点阵图像，另一种称为_____。

4. 表示图像的色彩位数越多，则同样大小的图像所占的存储空间_____。

5. Windows中基本的位图文件的扩展名为_____。

三、实践题

请将以下所有实验内容的结果保存在自己创建的C:/KS文件夹中。

1. 打开素材"ZH3-1-1.jpg""ZH3-1-2.jpg"，制作如图3-5-1所示的效果。图片最终效果参照"ZHYZ3-1-1.jpg"，将效果图以"ZHJG3-1-1.jpg"为文件名保存。

图3-5-1　综合实践样张1

操作提示：

（1）将"ZH3-1-1.jpg"中的手机和人与背景分离，并添加"斜面浮雕"和"投影"的图层样式。

（2）对"ZH3-1-1.jpg"图像中的背景区域使用"颗粒"滤镜。

（3）将"ZH3-1-2.jpg"中的五线谱和樱桃内容合成到"ZH3-1-1.jpg"中，适当调整大小和位置，并设置图层混合模式为"颜色"。

2. 打开素材"ZH3-2-1.jpg""ZH3-2-2.psd""ZH3-2-3.jpg"，制作如图3-5-2所示的效果。图片最终效果参照"ZHYZ3-2-1.jpg"，将效果图以"ZHJG3-2-1.jpg"为文件名保存。

图3-5-2　综合实践样张2

操作提示：

（1）对"ZH3-2-1.jpg"图像背景图层使用"镜头光晕"（亮度150%、电影镜头）滤镜。

（2）将"ZH3-2-2.psd"图像中的人物合成到"ZH3-2-1.jpg"中，适当调整大小、位置。

（3）对调整后的人物图层，利用蒙版将人物边沿渐隐在云中。

（4）将"ZH3-2-3.jpg"中乐谱合成到"ZH3-2-1.jpg"中，调整大小位置，添加"渐变叠加"（透明彩虹渐变）图层样式。

3. 打开素材"ZH3-3-1.jpg""ZH3-3-2.jpg"，制作如图3-5-3所示的效果。图片最终效果参照"ZHYZ3-3-1.jpg"，将效果图以"ZHJG3-3-1.jpg"为文件名保存。

图3-5-3 综合实践样张3

操作提示：

（1）对"ZH3-3-1.jpg"图像背景图层添加前景色（白色）到透明的"径向渐变"。

（2）将"ZH3-3-2.jpg"中的蝴蝶合成到"ZH3-3-1.jpg"中，调整大小和位置，添加"斜面浮雕"图层样式。

（3）再复制蝴蝶到"ZH3-3-1.jpg"中（右），调整大小位置，并添加"霓虹灯光"滤镜效果。

（4）输入文字"蝶恋花"，华文彩云字体、72点、颜色#feff81，并添加"投影"图层样式。

4. 打开素材"ZH3-4-1.jpg""ZH3-4-2.jpg"，制作如图3-5-4所示的效果。图片最终效果参照"ZHYZ3-4-1.jpg"，将效果图以"ZHIG3-4-1.jpg"为文件名保存。

图3-5-4 综合实践样张4

操作提示：

（1）将"ZH3-4-1.jpg"中内容（人物和iPad）与背景分离，添加"斜面浮雕"和

"投影"图层样式。

（2）用图章工具消除"ZH3-4-1.jpg"下方文字"iPad"，并对背景区域使用"网状"滤镜。

（3）将"ZH3-4-2.jpg"中的汽车合成到"ZH3-4-1.jpg"中，参照样张调整大小和位置。

（4）利用蒙版柔化汽车边缘，并为汽车添加"镜头光晕"滤镜。

5. 打开素材"ZH3-5-1.jpg""ZH3-5-2.jpg""ZH3-5-3.jpg"，制作如图3-5-5所示的效果。图片最终效果参照"ZHYZ3-5-1.jpg"，将效果图以"ZHJG3-5-1.jpg"为文件名保存。

图3-5-5 综合实践样张5

操作提示：

（1）对"ZH3-5-1.jpg"图像中的背景区域使用"马赛克拼贴"滤镜。

（2）将"ZH3-5-2.jpg"图像合成到"ZH3-5-1.jpg"中，调整大小位置，设置图层混合模式为"变亮"。

（3）将"ZH3-5-3.jpg"图像合成到"ZH3-5-1.jpg"中，调整大小位置，添加"斜面浮雕"图层样式。

（4）输入文字"科技改变生活"，华文彩云字体、72点、白色，添加"外发光"图层样式。

6. 打开素材"ZH3-6-1.jpg""ZH3-6-2.jpg"，制作如图3-5-6所示的效果。图片最终效果参照"ZHYZ3-6-1.jpg"，将效果图以"ZHJG3-6-1.jpg"为文件名保存。

图3-5-6 综合实践样张6

操作提示：

（1）为"ZH3-6-1.jpg"图像镜框外围添加"纹理化"的滤镜效果。

（2）在"ZH3-6-2.jpg"中建立"10像素羽化"的矩形选区并将其合成到"ZH3-6-1.jpg"中。

（3）参照样张适当调整北极熊区域的大小、方向和位置，并添加"内发光"图层样式。

（4）输入文字"遐思…"，字体为华文行楷、72点、红色，添加"旗帜"变形、"弯曲"+27%、"白色3像素描边"。

7. 打开素材"ZH3-7-1.jpg""ZH3-7-2.jpg""ZH3-7-3.jpg"，制作如图3-5-7所示的效果。图片最终效果参照"ZHYZ3-7-1.jpg"，将效果图以"ZHIG3-7-1.jpg"为文件名保存。

图3-5-7　综合实践样张7

操作提示：

（1）为"ZH3-7-1.jpg"图像添加"拼缀图"滤镜。

（2）将"ZH3-7-2.jpg"合成到"ZH3-7-1.jpg"中，大小同"ZH3-7-1.jpg"，并设置图层混合模式为"滤色"。

（3）将"ZH3-7-3.jpg"中人物合成到"ZH3-7-1.jpg"中，调整位置和大小；添加"纹理"和"外发光"图层样式。

8. 打开素材"ZH3-8-1.jpg""ZH3-8-2.jpg"，制作如图3-5-8所示的效果。图片最终效果参照"ZHYZ3-8-1.jpg"，将效果图以"ZHJG3-8-1.jpg"为文件名保存。

图3-5-8　综合实践样张8

操作提示：

（1）将"ZH3-8-1.jpg"中人物和手表与背景分离，再添加"斜面浮雕"和"投影"图层样式。将右侧手表表面的区域颜色调整为"反相"，效果参照样张。

（2）对"ZH3-8-1.jpg"中的背景区域（除人物和手表内容外），使用"便条纸"滤镜。

（3）将"ZH3-8-2.jpg"合成到"ZH3-8-1.jpg"中，参照样张调整大小、位置、角度。

9. 打开素材"ZH3-9-1.jpg""ZH3-9-2.jpg"，制作如图3-5-9所示的效果。图片最终效果参照"ZHYZ3-9-1.jpg"，将效果图以"ZHJG3-9-1.jpg"为文件名保存。

图3-5-9　综合实践样张9

操作提示：

（1）对"ZH3-9-1.jpg"图像背景层使用"径向模糊"（数量：100，方法：缩放）滤镜。

（2）将"ZH3-9-2.jpg"中机器人合成到"ZH3-9-1.jpg"中，调整大小和位置，添加"外发光"（大小为"15像素"）图层样式。

（3）输入文字"科技之光"，微软雅黑字体、80 点、颜色#00fff0、鱼形变形，并添加"斜面浮雕"图层样式。

10. 打开素材"ZH3-10-1.jpg""ZH3-10-2.jpg"，制作如图3-5-10所示的效果。图片最终效果参照"ZHYZ3-10-1.jpg"，将效果图以"ZHJG3-10-1.jpg"为文件名保存。

图3-5-10　综合实践样张10

操作提示：

（1）在"ZH3-10-1.jpg"背景层左上方添加"镜头光晕"滤镜（电影镜头，亮度200%）。

（2）将"ZH3-10-2.jpg"中的卡通动物合成到"ZH3-10-1.jpg"中，调整大小和位置；使用图章工具补充制作出两只卡通动物的左眼。

（3）利用蒙版将卡通动物放在花环后面，效果如样张。

11. 打开素材"ZH3-11-1.jpg""ZH3-11-2.jpg"，制作如图3-5-11所示的效果。图片最终效果参照"ZHYZ3-11-1.jpg"，将效果图以"ZHJG3-11-1.jpg"为文件名保存。

图3-5-11　综合实践样张11

操作提示：

（1）对"ZH3-11-1.jpg"图像镜框之外的区域使用"便条纸"滤镜。

（2）将"ZH3-11-2.jpg"图像合成到"ZH3-11-1.jpg"中，调整大小和模式。

（3）输入文字"澳门印象"，微软雅黑字体、80点、红色，并添加"投影方向和位置，添加"强"图层样式。

12. 打开素材"ZH3-12-1.png""ZH3-12-2.jpg"，制作如图3-5-12所示的效果。图片最终效果参照"ZHYZ3-12-1.jpg"，将效果图以"ZHJG3-12-1.jpg"为文件名保存。

图3-5-12　综合实践样张12

操作提示：

（1）将"ZH3-12-1.png"中的气球复制到"ZH3-12-2.jpg"中，调整位置大小。

（2）制作气球在水中的倒影，并调整图层不透明度，效果如样张。

（3）输入文字"霞光中的飞行"，隶书、18点，并添加"橙黄橙"渐变叠加和投影图层样。

本章小结

第 4 章

动画基础

项目简介

《黑猫警长》《葫芦兄弟》《大闹天宫》《熊出没》《喜羊羊与灰太狼》等动画片你看过吗？这些片子是否吸引了你身边的朋友？事实上，我国的动漫产业拥有极为广阔的市场发展空间，动漫行业也被公认为21世纪最具发展潜力的行业。但我国动漫从业人员数量仍然远远低于市场对影视动画人才需求。通过制作计算机动画，对计算机动画的基本原理、制作方法有所了解，是未来进入这一行业的基础。

项目分解

通过本章的学习，要求达到以下目标。

（1）了解动画的原理。

（2）了解传统动画的制作过程。

（3）了解数字动画的分类。

（4）了解数字动画的制作软件。

（5）了解动画处理的主要方法及常用工具。

（6）熟练掌握Flash逐帧动画、补间形状动画及补间动画的制作方法。

（7）掌握基本的Flash遮罩动画与骨骼动画的制作方法。

（8）掌握动画元件的使用方法。

（9）了解3ds Max简单动画的制作方法。

4.1 传统动画与数字动画

传统的动画是制作在透明胶片上的，先由艺术大师制作一系列画面中的部分关键画面，然后由一些助手制作关键画面之间的过渡画面。将动画画面中的每一个动作都先画在透明胶片上，以便能叠加到背景图上，最后将这些透明胶片分别放在背景图上进行拍照，形成最终的电影胶片。

4.1.1 动画的产生原理

动画的形成利用了人眼的视觉暂留特征：每当一幅图像从眼前消失的时候，留在视网膜上的图像并不会立即消失，还会延迟 $1/16 \sim 1/12$ s。在这段时间内，如果下一幅图像再次出现，眼睛里就会产生上一画面与下一画面之间的过渡效果，从而形成连续的画面。电影、电视和动画都是利用这一原理制作的。

例如，电影以 24 f/s 的速度播放，电视以 25 f/s（PAL 制式）或以 30 f/s（NSTC 制式）的速度播放，电脑动画通常以 24 f/s 或 12 f/s 的速度播放。具体在用动画制作软件进行编辑时也可根据所表达的艺术效果，灵活设定播放的频率。

图 4-1-1 所示为表现种子发芽的六个画面，当这六个画面在不到 1 s 的短暂时间内依次连续地出现在眼前时，便可看到小苗长出来的动画情景。

图 4-1-1 连续在眼前展现的画面形成动画

因此，视觉暂留现象理论解释了通过连续播放一系列具有差异的静止画面形成连续变化的图画的动画原理。

需要指出的是，目前研究的动画产生理论已不再限于视觉暂留特征这一简单的解释，而引入了现代心理学的元素，更进一步说就是画面和色彩的变化使人脑产生的运动幻觉才是动画产生的真正原因。

4.1.2 数字动画的类型

从动画的视觉效果来看，计算机动画可分为产生平面动态图形效果的二维动画、具有立体效果的三维动画和用于虚拟现实的真实模拟动画。另外，人们习惯上把通过电影电视等活动图像采集加工得到的视频也列入动画的范畴。

1. 二维动画

二维动画是在二维平面上显示平面角色和背景组成的动画画面，如图 4-1-2 所示。传统的卡通动画便是一种二维动画的形式，制作时，每一幅画面都要事先画出来，工作量很大。为了减轻绘画负担，人们把画面上的角色、背景分层次绘制在透明薄膜上，再叠加拍摄，静态的背景可以绘制得少些。动态的角色可以分为关键画面和过渡画面，由不同经验的人员绘制。二维动画软件在开发时借用了这种制作动画的思路，根据同一个画面的不同背景、角色分层，用户可以在每个层上制作关键画面内容，即创建关键帧图像，而关键帧之间具有一定变化规律的图像可通过插值算法由计算机自动生成。给出关键帧之间的插值规则之后，由计算机计算生成中间的画面。

图 4-1-2 二维动画举例

在二维动画制作中，最常用的是基于角色的动画。这种动画被认为是由各个可运动的"角色"配合场景构成的，角色可以是任何能在计算机屏幕上显示的对象，如线条、矩形、文字、图像，甚至是另一段动画，角色可以表现在各种场景中。

角色的变化如果没有规律可循，则需要一帧一帧地制作，然后连续地播放来体现动画，这被称为逐帧动画；如果角色的变化有一定的规律，则可以制作好角色的初始状态和部分关键状态，由计算机软件来产生关键状态之间的变化过程，即得到补间动画。

2. 三维动画

二维动画体现的是平面动画，而三维动画则是要在二维的平面中展示具有空间立体感的角色对象和场景的动画，如图 4-1-3 所示。比如，利用 3ds Max 制作摄影机动画时，首先利用计算机建立三维人物、道具和场景的模型，即建立角色；然后添加虚拟摄影机，通过调整摄影机参数，让这些角色在三维场景里动起来，靠近或远离，移动或旋转等；最后为了使动画效果更逼真，在场景中添加灯光，为三维模型赋予材质贴图。这样，一个完全由计算机制作的一系列栩栩如生的三维画面就形成了。

三维动画需要具有三维透视感。由于三维对象的渲染需要大量的计算，因此对计算机的配置有较高的要求。

与所有的活动图像一样，三维动画也是由连续变化的一幅幅画面组成的，每一幅画面称为一帧，每一帧都是由计算机计算出的具有透视感的静态画面。所以，三维动画的制作基础是静态的三维透视画面的制作。

图4-1-3　三维动画举例（1）

制作一帧静态的三维透视画面，首先要在计算机中输入并建立一个被表现物体的立体模型，即建模。如若要做一幅立方体的立体画面，可先将它的八个顶点的空间坐标输入计算机，并在计算机中以这些点为基础构造所有的面。然后选取一个观察点，让计算机算出由该观察点看到的物体的形状。计算过程将包括对物体所有的点、线、面的透视变换，并且还需计算找出物体中因被遮住而无法看到的部分，它们将不出现在最后生成的画面上，这个过程称为消隐。

学会了建模、透视与消隐的功能后，就能制作具有简单框架结构的立体画面了。把一个建筑物的空间结构输入计算机，就能产生该建筑物的透视画面。通过改变观察点的空间位置，就能得到不同距离与角度的建筑物照片。逐渐地移动观察点的位置，并每次都计算生成相应的画面，再把所有产生的画面串起来，这就是三维动画。

以上是制作三维动画的最基本的原理。由于每产生一帧画面都需对模型中所有的点、线、面进行透视与消隐计算，当所建模型较复杂时，所需的计算量是相当巨大的。上述过程中完成的画面是由线条框架构成的，它具备了透视感，但不具有现实物体的质感及光照效果，因而不像真实的。为了给予画面真实的感觉，三维动画制作软件通常允许为模型中的每个面指定其外观、颜色及材料特性，还可以设置光源的位置与亮度等参数。比如可以把建筑物的墙面指定为灰色的花岗石，而窗是透明的玻璃等。此外，还可以设置几个放在不同位置、具有不同亮度的光源给予照明。当生成画面时，计算机会先经透视与消隐确定哪些面将被显示及显示的形状，然后对显示的每一个面，按其颜色与材料的反射光、吸收光的特性，以及照射到这个面上的光源的强度和角度等参数，计算出这个面的每一个点的颜色值。一幅具有很强的真实感的立体画面就这样生成了。

如图4-1-4所示为哪吒三维模型图。有了逼真的静态三维透视画面，再将观察点逐渐移动，或者逐渐地改变模型中的数据，每次计算产生一幅画面，就能获得连续的三维真实动感画。三维电脑动画设计不仅可以逼真地模拟真实的三维空间，构建三维造型及设计运动，还可以设计灯光的强弱、位置及运动，设计虚拟摄像机的拍摄景别，产生真实世界不存在的特殊效果。

图4-1-4 三维动画举例（2）

3. 真实感三维动画

真实感三维动画包括虚拟现实、增强现实、3D电影等，其视觉效果与人眼观察现实世界的效果相同。为了达到这样真实的三维动画效果，人们进行了研究，发现人的眼睛之所以能看到三维效果，是因为两只眼睛观看同一物体时具有视觉差，如果拍摄或制作的同一个画面有这样的差异，配合具有偏振效果或双眼时间差效果的3D眼镜或3D头盔，使左右眼睛各自能看到有差异的画面，在脑海中便可以形成真正的立体效果。

4.1.3 数字动画的制作途径

早期的电脑动画系统主要使用编程语言，由于技术比较专业，所以只能由电脑专业人员来操纵。随着计算机技术的普及和微机设备性能的提高，非专业人士也开始涉足动画的制作活动，出现了许多制作二维动画的工具软件，就连被称为"平面设计大师"的Photoshop也增加了制作二维动画的功能，其CS6版本更增加了制作3D动画的功能。另外，GIF Animation则经常被用来制作短小的GIF动画。

当然，在众多的动画制作软件中，应用最为广泛的还是Adobe公司出品的Flash，其新的版本更名为Animator，它擅长交互式二维动画的制作，在互联网上可以看到大量的此类动画作品，许多游戏、电视广告也是用此工具制作而成。

三维动画系统的研究始于20世纪70年代初。1972年，美国研究人员开发了MOP三维电脑动画系统。1975年，美国俄亥俄州立大学电脑图形学研究小组设计研究出ANI-MA系统。

目前，许多电影动画都是使用Autodesk公司出品的Maya制作的，这家公司的3ds Max也是功能比较完善的三维动画制作软件；而Ulead公司推出的Cool 3D软件则可以用来快速地建立三维图形对象，并通过设置关键帧，快速地完成动画的制作。实际上，该软件也能输出JPEG和GIF格式的三维图像，制作的图不仅能用于网页，还可以用它制作有各种效果的标题、对象和标记等。Blender则是一款开源的跨平台全能三维动画制作软件，提供从建模、动画、材质、渲染到音频处理、视频剪辑等一系列动画短片制作解决方案，甚至打破了2D和3D壁垒，可以用来制作2D逐帧动画，有兴趣可以从其官方网站（https://www.blender.org/）上了解更多内容。如果想比较快速地做出一些简单的二维平面动画，万彩动画大师也是一种不错的选择，它包含了大量的模板和动画元素，不需要花费大量精力学习软件的使用方法，利用其中的模板和动画元素，在短时间内也可以制作出靓丽的动画作品。图4-1-5所示为利用3ds Max制作三维动画过程中的一个画面。

图4-1-5　利用3ds Max制作三维动画的画面

4.1.4　习题与实践

1. 简答题

（1）简述动画产生的原理。

（2）简述二维动画与三维动画的区别。

2．思考题

（1）你所了解的制作二维动画的工具软件有哪些？

（2）你所了解的制作三维动画的工具软件有哪些？

4.2 二维动画的制作

传统动画完全由人工绘制，任务十分艰巨。如果制作1 s的动画需要15帧画面，1 h的动画片就要绘制54000张画面，而且前后画面之间还必须保持连贯性，其难度和复杂性是可想而知的。

计算机动画的研究始于20世纪60年代初。1963年美国贝尔实验室制作了第一部电脑动画，电脑动画技术最初是为飞机模拟研制的。而如今，电脑动画已经广泛应用于商业广告、计算机辅助教育、影视和系统模拟等领域。

计算机动画制作与传统动画制作最大的不同是：设计人员可以制作动画中比较关键的画面（在许多动画制作软件中，这种关键画面被称为关键帧），由计算机通过计算自动产生动画中间的过渡帧画面。如此一来，动画的制作效率就会提高许多。从文字录入、图像生成、着色、修饰、剪接、叠合到打样、出稿及录制形成一个整体过程。电脑动画省去了许多工序，提高了效率，大大缩短了设计周期。电脑动画还可控制编辑音像同步，方便地实现电脑屏幕输出、视频输出、胶片输出。事实上，计算机动画技术研究的就是这种技术该如何实现。由此可见，计算机动画技术具有传统动画技术无可比拟的优越性。

不同的软件提供了不同的动画制作方法，但动画的制作流程具有一定的共性。通常在制作动画之前，应对动画需要表现的内容有所构思和规划。例如动画角色、背景、动作等应有一定的想象与设计，然后再动手制作。

由于人们日常看到的世界属于三维（3D）空间环境，如果制作3D动画，则在设计真正的动画之前，对角色及场景的建模、对象表面纹理、光照和视角等都需要有一定的设计，才能做出比较逼真的动画效果；相比较而言，二维（2D）动画的角色只是平面的，相对而言比较简单。为了让大家体验一般动画的制作方法，本书主要介绍二维动画。

4.2.1 前期准备

1．动画画面大小的设置

在制作动画之前，通常需要确认动画背景的范围、角色的表现范围，有些动画制作软件如Flash，将用于展示的动画范围称作舞台，设置舞台的大小，就是要让动画的展示画面与动画将要显示的显示器屏幕的大小相匹配。如需要制作一个在计算机上展示的动画，可以将舞台设置为"1024像素×768像素"；而如果要制作一个在Android手机上展示的动画，则需要将舞台设置为"480像素×800像素"。如图4-2-1所示为Flash中用于设置舞台大小的"文档设置"对话框，图4-2-2是万彩动画大师中的设置舞台大小的界面。

图4-2-1 Flash "文档设置" 对话框   图4-2-2 万彩动画大师中舞台大小设置

2. 背景等素材的导入

如果动画中需要使用外界元素，通常可以通过导入的方式。在导入（import）时，可以根据软件中导入对话框中支持的文件扩展名来了解其所支持的文件格式。

图4-2-3为在Flash中导入图片、声音等素材的方式，图4-2-4是在万彩动画大师中导入图片的界面。

图4-2-3 在Flash中导入外部素材   图4-2-4 在万彩动画大师中插入图片

3. 分图层制作画面场景

画面上的对象可以以不同的方式运动，为了方便制作，软件中往往提供分图层的制作环境，将不同运动方式的对象安置在不同的图层上，以方便设置不同的运动方式。图4-2-5所示为Flash中的两个图层，一个放置了背景风景画，一个是前景上的气球。图4-2-6所示是万彩动画大师中将背景图像和人物对象放置在不同图层叠加的效果。

图4-2-5 Flash中的多图层动画

图4-2-6 万彩动画大师中的多个图层叠加画面

4. 时间轴与帧

从图4-2-5和图4-2-6中都能看到舞台画面下方的时间轴面板，由于动画的特点是利用了人眼睛视网膜上的视觉暂留效应，不同时刻的画面内容存在着一定的差异，才能看到流畅的动画。面被称作帧。比如在Flash中，帧又分为可以编辑修改的关键帧、延长显示关键帧内容的普通帧、计算机根据某种规则插补的过渡帧等。在"时间轴"面板中，每一行代表了一个图层，每个图层中的一个小方格代表着某个时刻。可以通过插入关键帧设置可编辑的画面，选定关键帧修改舞台上的内容，达到不同时刻画面有差异的效果。如果整段动画中的画面都是通过编辑关键帧得到的，制作的就是逐帧动画，如图4-2-7所示为女子步行的逐帧动画。

图4-2-7 Flash中的逐帧动画

在Flash中，执行"文件/导出/导出影片"命令，选择的格式为"GIF序列"，可以将动画导出为若干张GIF图片，每一张对应着某个时刻的画面，如图4-2-8所示。

图4-2-8 动画导出的GIF图片

5. 动画的播放速度

为了使动画画面显得连贯，一般每秒需要播放12~24个画面。在Flash中，图4-2-1所示的"文档设置"对话框中的"帧频"参数可以修改，修改后通过执行"控制/测试"命令检查动画效果。在万彩动画大师中，可以通过选择播放速度来调整帧频，如图4-2-9所示。

6. 动画的场景

制作动画的感觉像在导演一部复杂的电影或戏剧。为了能让制作者充分发挥他们的想象力，动画软件可以让用户在多个场景中制作完全不同的动画，并按一定的顺序将这些场景相连接。默认动画制作在第一个场景中。

例如，在Flash中，默认在场景1中建立动画，如果需要增加场景，可以执行"窗口/场景"命令，打开如图4-2-10所示的"场景"面板，进行场景的添加、删除或切换，也可以重命名场景。图4-2-11是万彩动画大师中添加、删除场景的按钮。

图4-2-9 设置动画的播放速度并预览动画效果　　**图4-2-10 Flash中场景面板和场景切换按钮**

图4-2-11 万彩动画大师中的两个场景

7. 角色对象

为了简化动画的制作，可以将动画中涉及的各种元素制作成角色对象，这些角色对象在不同的动画制作软件中的名称不一定相同，但有着类似的作用。例如，在Flash

中，制作好的角色对象以元件的形式放在库中，需要的时候可以取出放在舞台上，或在制作其他角色的时候使用。

Flash 的元件分为图形、影片剪辑和按钮 3 种，它们的内容既可以是静态的，也可以是动态的。影片剪辑具有独立的时间轴，一个影片剪辑元件就是一段独立的动画，可以作为其他动画的素材。按钮则可以感应鼠标或键盘操作，用于制作交互式动画。

万彩动画大师中已经提供了大量的角色，如图 4-2-12 所示，可以直接将需要的角色曳到舞台场景中使用，也可以从外界导入事先做好的图、动画等元素作为角色使用。

图 4-2-12　角色的使用

4.2.2　动画制作

从以上介绍中可以看到，万彩动画大师中提供了大量的角色模板，让使用者可以像制作 PPT 那样简单快捷地制作用于事物介绍的动画。而使用 Flash 创作动画则更加自由灵活，但制作难度也相应提高很多。

在用 Flash 制作动画时，根据动画角色的变化规律不同，动画的制作可分为两类：一类是每幅画面的变化没有规律可循的逐帧动画制作；另一类是画面的变化有规律，可让计算机通过计算插补中间画面的补间动画制作。

补间动画又可分为形状补间与动画补间，这两类动画都需要先安排首、尾两个关键画面的内容，然后再设置中间的变化过程。如果首、尾画面上的角色变化是形状的改变，则制作的是形状补间动画；若首、尾关键画面中的角色是位置的变化，则制作的是动画补间动画，也被称为动作补间动画。对于诸如人物行走这样的有一定运动规律的动画，还可以制作骨骼动画。

1. 逐帧动画

同传统的动画制作方法一样，如果在连续的一组画面中，每一幅的内容都不相同，并且其变化也没有规律可循，就需要逐个制作画面上的内容，播放时这些画面连贯起来便可以看到动画的效果，逐帧动画就是这样建立的。下面通过具体实例体会如何建立逐帧动画。（本章所介绍的例子是使用Flash软件制作，使用其他软件也可以制作类似动画，请自行举一反三。Flash的基本界面及基本使用方法请参见相关小贴士）

例4-1： 参照"L4-2-1样例.gif"，将配套素材"第4章/baby"文件夹中的9张卡通婴儿的图片制作成GIF动画。

（1）新建文档并导入素材。

① 启动Adobe Flash CC，并单击"新建"中的"ActionScript 3.0"。在新的文档窗口中，执行"文件/导入/导入到库"菜单命令，将"baby"文件夹中的9张卡通婴儿的图片导入库中。导入过程及入库结果如图4-2-13所示。当打开"导入到库"对话框并找到了需要导入的图片后，可以在按Shift键的同时选中要导入的多个文件，以便将它们同时导入。

图4-2-13　执行"文件/导入到库"命令导入素材

② 将库中的第1幅图片拖曳到舞台，如图4-2-14所示。执行"修改/文档"命令，在弹出的"文档设置"对话框中单击"匹配内容"按钮（如图4-2-15所示），并设置帧频为"12 f/s"后单击"确定"按钮，使舞台大小与舞台上的对象内容相匹配。

图4-2-14　将第1幅图片从库中拖曳到舞台

图4-2-15 "文档设置"对话框

（2）制作各关键帧图像。

① 在时间轴上第2帧的位置右击，从快捷菜单中执行"插入空白关键帧"命令，如图4-2-16所示，然后将第2张图片拖曳到第2帧的舞台上。

② 用类似的方法分别在时间轴上的第3，4，5，6，7，8，9帧插入空白关键帧，并在第3，4，5，6，7，8，9帧分别将其余图像依次拖曳到舞台上。

（3）测试、保存及导出影片。

① 执行"文件/另存为"命令，将制作好的动画保存为"L4-2-1.fla"。

② 执行"文件/导出/导出影片"命令，选择保存类型为"GIF动画（*.gif）"格式，将动画导出为"L4-2-1.gif"，并按如图4-2-17所示的参数设置"导出GIF"对话框。

图4-2-16 第2帧位置"插入空白关键帧"   **图4-2-17 "导出GIF"对话框**

③ 在资源管理器中对产生的GIF动画文件右击，在快捷菜单中执行"打开方式"命令，如图4-2-18所示，选择所希望的打开方式（例如选择 Internet Explorer 浏览器），可以看到该动画循环播放的效果。

图4-2-18 选择GIF动画文件的打开方式

④在Flash中，利用"文档设置"对话框将帧频由12改为3，再次导出动画，并观察效果。

例4-2： 参照"LA-2-2样例.swt"，制作五彩文字FLASH逐字显示，然后闪烁三次的动画

（1）新建文档并制作五彩文字。

①启动Flash CC，新建"ActionScript 3.0"类型的空白文档。

②输入文本对象。选择文本工具，在"属性"面板中设置字符格式（系列、样式、大小、颜色等），在舞台左上角输入文本"FLASH"（可利用对齐面板将文字对齐到舞台左上角），如图4-2-19所示。

图4-2-19 输入文本案例

③利用"文档设置"对话框使舞台大小匹配内容，在"显示比例"下拉列表中选择"显示帧"以调整舞台的显示大小。

④使用选择工具单击选定文字对象，执行"修改/分离"菜单命令2次，将文本分离为矢量形状，并设置为五彩色填充，如图4-2-20所示。

图4-2-20　将文本设置为五彩色

（2）制作文字逐渐显示并闪烁3次的动画。

① 在第2帧右击，从快捷菜单中执行"插入关键帧"命令。同样，在第3～11帧依次插入关键帧。如图4-2-21所示。

图4-2-21　在2～11帧分别输入关键帧

② 选择第1帧，删除Flash文本中后面4个字符；选择第2帧，删除Flash文本中后面3个字符；选择第3帧，删除Flash文本中后面2个字符；选择第4帧，删除Flash文本中最后1个字符；第5帧保持不变。这样就在第1～5帧形成文字逐个显示的动画效果。

③ 选择第6帧，按Delete键删除舞台上所有内容，使该帧变成空白关键帧；对第8帧和第10帧做同样的操作。这样就形成文字闪烁的动画效果，此时的时间轴如图4-2-22所示。

图4-2-22　删除3个关键帧内容后的时间轴面板

（3）测试动画效果并调整播放频率。

① 测试影片，发现动画播放速度太快。执行"修改/文档"命令，将帧频更改为"12 f/s"。

② 再次测试影片。如果还是感觉太快，可以对时间轴上每个关键帧右击后，在快捷菜单中执行"插入帧"命令，插入2个普通帧来延长画面的显示时间，调整后时间轴上的安排如图4-2-23所示。

图4-2-23　调整播放速度后的时间轴界面

（4）保存及导出影片。

执行"文件/另存为"命令，将制作好的动画保存为"L4-2-2.fla"。执行"文件/导出/导出影片"命令，选择保存类型为"SWF影片（x.swf）"格式，将动画导出为"L4-2-2.swf"。

> **【小贴士】** 不同的动画制作工具可以产生不同格式的动画文件，在Flash中，执行"文件/导出"命令时，可以选择导出图像、影片、视频三大类。选择其中一类后，在打开的对话框中，可以看到不同的文件格式，包括动画格式SWF，图像格式JPEG，GIF，PNG，SVG，视频格式MOV（导出视频格式前，需要安装Adobe Media Encoder视频转换软件）。

SWF是Flash动画格式，这种动画格式的特点是能用比较小的存储空间来表现丰富多彩的多媒体形式，而且动画可以具有交互性。SWF格式的动画在画面缩放时也不会失真，非常适合描述由几何图形组成的矢量二维动画。这种格式的动画由于可以与网页格式的HTML文件充分结合，并能添加MP3音乐，因此被广泛地应用于互联网上。万彩动画大师中可以将SWF格式的文件作为素材整合到其所创建的动画中。

执行"文件/发布设置"命令，从打开的"发布设置"对话框中选择"HTML包装器"格式，可发布包含SWF影片的HTML网页文件。还可以进一步设置SWF电影在网页中的尺寸大小、对齐方式、画面品质、窗口模式（如有无窗口、背景是否透明）等属性。

2. 补间形状动画

补间动画是在建立动画过程的首尾两个关键帧内容后，由计算机通过首尾帧的特性及动画属性要求来计算得到并补间，插入中间画面。

补间动画又称作中间动画、渐变动画，它只要建立起始和结束的画面（关键帧），中间部分由软件自动生成,省去了制作动画中间画面的复杂过程。

Flash补间分为三种:补间动画、补间形状和传统补间。

补间动画是针对对象、组合或元件的实例等非矢量对象的整体移动、放大或缩小、颜色、透明度等方面的变化。补间形状是针对矢量图形对象的动画,是画面中点到点的位置、颜色的变化。

例4-3:参照"L4-2-3样例.swf",制作一个20帧的动画,画面中央黄色的月牙逐渐地变成白色的圆月。

① 新建动画文档,设置舞台背景色为蓝色(#000099),设置帧频为"12 f/s"。

② 使用工具箱中的"椭圆工具",设置边框色(即笔触颜色)为无色,填充色为黄色,在舞台左下方绘制一个正圆(按住Shift键拖曳鼠标,可以直接绘制正圆),如图4-2-24所示。

③ 在第20帧右击,从快捷菜单中执行"插入空白关键帧"命令,然后在舞台右上角绘制白色正圆,如图4-2-25所示。

④ 选择第1帧,在黄色正圆的旁边绘制一个非黄色的同样大小的正圆。选择非黄色圆形,将其移动到黄色圆形上(如图4-2-26所示)。使用选择工具在圆形外的舞台空白处单击,取消圆形的选择。再次单击选择非黄色圆形,按Delete键删除选中的图形,得到黄色月牙形。

⑤ 右击时间轴上的第1帧,在快捷菜单中执行"创建补间形状"命令,此时可观察到时间轴上第1~20帧这个范围产生一条箭头线并且变成了绿色,如图4-2-27所示。

图4-2-24 使用椭圆工具绘制黄色正圆

图4-2-25　在第20帧绘制白色正圆

图4-2-26　将两个圆形圆部分重叠

图4-2-27　创建形状补间动画

⑥ 测试影片，保存并导出动画。

【小贴士】如果希望白色圆月多停留一会儿，可以增加第20帧画面的显示时间。在Flash中，形状补间只能对矢量图形进行，也就是说，制作形状补间动画时，首、尾关键帧上的图形应该都是矢量图形。矢量图形的特征是在图形对象被选定时，对象上面会出现白色均匀的小点。利用工具箱中的直线、椭圆、矩形、刷子、铅笔等工具可直接绘制矢量图形，其他非矢量图形可以执行"修改/分离"命令转换为矢量图形。

3. 补间动画

例4-4：利用"L4-2-4素材.fla"，参照"L4-2-4样例.swf"，制作一个在花丛中飞舞的蝴蝶动画，要求在2 s内从画面右下角沿着一条曲线飞到左上角，飞行过程中蝴蝶逐渐变小并且翅膀有翻转变化。

（1）打开素材文档并利用素材制作动画背景。

① 打开配套资源中的"L4-2-4素材.fla"文件，执行"修改/文档"菜单命令，将动画的帧频设置为"12 f/s"。

② 执行"窗口/库"菜单命令，可以看到库中的两个素材，将其中的花丛拖曳到舞台，并用"对齐"面板将其与舞台对齐，如图4-2-28所示。

图4-2-28 制作动画背景

③ 在时间轴第24帧处插入帧，这样可将第1帧的画面一直显示到第24帧。锁定图层1。

（2）制作蝴蝶补间动画。

① 新建图层2，将库中的蝴蝶拖曳到舞台右下方（注意：库中蝴蝶为图形元件）。用"任意变形工具"适当调整蝴蝶角度，如图4-2-29所示。

② 右击图层2时间轴的第1帧，在快捷菜单中执行"创建补间动画"命令，如图4-2-30所示。

图4-2-29 将蝴蝶拖曳到图层2的舞台 　　图4-2-30 插入补间动画

③ 在时间轴上选中图层2的第24帧，将蝴蝶拖曳到舞台左上方，并用"任意变形工具"适当缩小，此时舞台上可观察到在第1～24帧之间出现一条运动轨迹线，如图4-2-31所示。

④ 使用工具箱中的"选择工具"，在运动轨迹中央选择一个点，向上拖曳，形成一条弧线，如图4-2-32所示。

图4-2-31 调整图层2第24帧蝴蝶的大小与位置

图4-2-32 将直线运动轨迹修改为曲线

（3）制作蝴蝶翻转翅膀的效果。

①右击"图层2"时间轴上的第8帧，在快捷菜单中执行"插入关键帧/缩放"命令，使用"任意变形工具"适当使蝴蝶变窄，如图4-2-33所示。

图4-2-33 插入缩放关键帧修改蝴蝶宽度

②右击"图层2"时间轴上的第15帧，在快捷菜单中执行"插入关键帧/缩放"命令，使用"任意变形工具"适当使蝴蝶变宽。

③同样方法，右击"图层2"时间轴上的第20帧，在快捷菜单中执行"插入关键帧/缩放"命令，使用"任意变形工具"适当使蝴蝶变窄。

（4）测试、保存及导出影片。

①执行"控制/测试"菜单命令，查看动画效果。

②执行"文件/另存为"命令，将动画源文件保存为"L4-2-4.fla"。执行"文件/导出/导出影片"命令，将动画输出为"L4-2-4.swf"。

例4-5： 利用"L4-2-5素材.fla"，参照"L4-2-5样例.swf"，制作一个风扇动画，风扇叶片为顺时针旋转。文字"舒乐电扇，清凉一夏"从舞台左侧移动到右侧。

（1）导入素材及设置动画背景画面。

①打开"L4-2-5素材.fla"文件，执行"修改/文档"命令，将帧频设置为"12 f/s"。

②打开"库"面板，将库中资源"罩"拖曳到舞台上，放置在如图4-2-35所示的

位置。右击时间轴上第20帧，在快捷菜单中执行"插入帧"命令。锁定图层1。

③新建图层2，将图层2移动到图层1的下方。选择图层2时间轴上的第1帧，将库中的"座"拖曳到舞台，放置在如图4-2-34所示的位置。锁定图层2。

（2）制作风扇叶片旋转的动画。

①在图层1和图层2之间新建图层3，将库中的"叶"拖曳到图层3的第1帧（拖曳3次），使用"任意变形工具"适当调整好3个叶片的位置与角度，如图4-2-35所示。

【小贴士】此时可临时隐藏"图层1"，等调整好3个叶片后再重新显示"图层1"。

图4-2-34 制作动画中的静止部分　　图4-2-35 制作动画中的运动对象

②使用工具箱中的"选择工具"框选3个叶片，执行"修改/转换成元件"命令，将该3个叶片转换为一个图形元件。

③右击图层3的第1帧，在快捷菜单中执行"创建补间动画"命令。

④右击图层3的第20帧，在快捷菜单中执行"插入关键帧/旋转"命令。

⑤选择图层3的第1帧，打开"属性"面板，设置"旋转次数"为3次，"方向"为顺时针，如图4-2-36所示。

图4-2-36 制作风扇叶片旋转动画

（3）制作文字从左向右移动的动画。

① 在所有层的上面新建图层4，选中图层4的第1帧，选择工具箱中的"文字工具"，设置字体为华文行楷、蓝色、36磅，在舞台上方左侧输入文字"舒乐电扇，清凉一夏"，如图4-2-37所示。

② 右击图层4的第1帧，在快捷菜单中执行"创建补间动画"命令。

③ 选中图层4的第20帧，将文字水平移动到舞台右侧，如图4-2-38所示。

图4-2-37　创建文本对象图

图4-2-38　调整文本对象的位置

（4）测试、保存及导出影片。

执行"控制/测试"命令或按Ctrl+Enter组合键测试动画效果。然后将动画源文件保存为"L4-2-5.fla"，将影片导出为"L4-2-5.swf"。

4. 元件在动画中的使用

在 Flash 中，元件主要用于补间动画（不能用于形状补间动画）中。如果要创建一段补间动画，可以先创建动画开始的第一个关键帧，并将其舞台上的对象转换为元件，然后在该关键帧上创建补间动画，定义不同时刻画面上该实例的位置、大小、不透明度等属性，Flash 会自动产生这些属性中间的变化过程。以下举例说明元件在补间动画中的使用。

例 4-6： 参照 "L4-2-6 样例.swf"，利用素材图片制作小鸟飞过树林的动画。

① 启动 Flash 并新建文档，调整帧频为 "12 f/s"。

② 执行"文件/导入/导入到库"命令，将"tree.jpg""bird1.jpg""bird2.jpg"文件导入库中。

③ 创建 "bird" 影片剪辑元件。执行"插入/新建元件"命令，打开如图 4-2-39 所示的"创建新元件"对话框进行创建。

图 4-2-39 "创建新元件"对话框

④ "bird" 元件的编辑。创建后进入元件的编辑窗口，利用库中的 "bird1.jpg" 和 "bird2.jpg" 图片制作小鸟飞翔姿势动画，如图 4-2-40 所示。

【小贴士】 可以将图片设置居中，并在图片分离之后，利用魔术棒工具删除背景。

图 4-2-40 制作 "bird" 元件

⑤ 利用库中的 "tree.jpg" 制作背景图层 tree。将图片拖曳到场景 1 的舞台上，并设置其宽度为 800、高度为 600，与舞台对齐左上角，并将舞台大小设置为与内容匹配，

即舞台大小也是800×600，效果如图4-2-41所示。

图4-2-41　制作背景图层

⑥ 制作bird图层。增加新图层并命名为"bird"，将库中的"bird"影片剪辑元件拖曳到舞台左上角，并将其适当缩小，将画面延续到第60帧，如图4-2-42所示。

⑦ 制作小鸟在林中飞翔补间动画。锁定tree图层，选择bird图层，分别在第15，30，45，60帧舞台的不同位置放置小鸟实例，可以看到实例移动时留下的带点路径。拖曳路径线，将其改成弧形，如图4-2-43所示。执行"控制/测试"命令，可以看到小鸟沿路径匀速飞翔。

图4-2-42　制作"bird"图层

图4-2-43　制作小鸟在林中飞翔动画

⑧拆分动画并调整小鸟运动速度，使其在45帧之前减速运动。按住Ctrl键后单击选定第46帧，使用快捷菜单中的"拆分动画"命令，将该图层动画拆分成两段。选定该图层第1帧，在"属性"面板中将"缓动"参数设置为40，如图4-2-44所示。

⑨设置小鸟在第46~60帧逐渐消失。将红色指针移动到第60帧，选定舞台上到小鸟实例，在"属性"面板中从"色彩效果"下方的"样式"下拉列表中选择"Alpha"，将下方的滑块拖曳到最左端，即设置Alpha=0，如图4-2-45所示。

⑩测试影片并修改"bird"元件。测试影片时，发现小鸟的背景没有擦除干净。可以将动画背景设置为深色后，进入"bird"元件编辑画面，分离图片对象后删除白色背景，如图4-2-46所示。

图4-2-44　拆分动画并调整运动速度

图4-2-45 设置小鸟在第46~60帧成为透明

图4-2-46 "bird"元件的修改

⑪ 将动画保存并导出。

> **【小贴士】** 元件是动画的素材，修改库中的元件后，无论该实例在哪里，或者已经修改了哪些实例属性，对应于该元件的实例都会被统一修改。

拖曳库中的元件到舞台上，就可以使用该元件的实例完成补间动画。对于影片剪辑类型的实例，不仅可以调整其大小、位置，还可以调整其不透明度、色调，甚至可以通过改变其滤镜效果达到不同的补间变化效果。

当画面中有不同运动方式的对象时，可以分别将它们放置在不同的图层上，画面效果是多个图层叠加的效果，上面图层的对象会覆盖住下面图层。每个图层制作好后，可以锁定，以免相互干扰。

5. 遮罩在动画中的使用

通过遮罩动画可以实现更丰富的动画效果。遮罩动画必需至少有两个图层，上面的一图层为"遮罩层"，下面的称为"被遮罩层"，也可以有一个以上的被遮罩层；透过遮罩图层上的对象形状，可以看到其下方的被遮罩图层中的画面内容，也就是说在遮罩层中有对象的地方就是透明的，而没有对象的地方就是不透明的，被遮罩层中相应位置的对象是看不见的。

例4-7：利用"L4-2-7素材.fla"，参照"L4-2-7样例.swf"，制作一个十二生肖顺时针旋转的动画

（1）打开动画素材文档并设置文档属性。

打开"L4-2-7素材.fla"文件，执行"修改/文档"命令，将舞台大小设置为"宽800像素、高600像素"，背景颜色设置为浅灰色（#CCCCCC），帧频设置为"12 f/s"。设置舞台比例为"显示帧"。

（2）设置动画背景图层。

将库中的"灯笼.g"图片拖曳到舞台上。使用"对齐"面板将其设置为在舞台上居中对齐。在50帧处按F5键插入帧，使其延伸到第50帧。将图层1重命名为"灯笼"，并锁定该图层，如图4-2-47所示。

（3）制作十二生肖从右向左移动的动画。

① 创建图层2，并重命名为"十二生肖"，将"库"中的"生肖"元件拖曳到舞台上，使老虎在灯笼的右侧，如图4-2-48所示。

图4-2-47 设置背景图层

图4-2-48 确定首帧生肖的位置

② 右击十二生肖图层的第1帧，执行"创建补间动画"命令。

③ 将时间轴上的红色滑块拖曳到第50帧，按住Shift键，用"选择"工具向左水平移动"生肖"，将犬移动到灯笼左边外面。锁定十二生肖图层。

【小贴士】按住Shift键是为了确保地图在水平方向移动。

④ 测试影片，可以观察到"生肖"动物们从右边经过"灯笼"移动到左边的动画。

（4）添加遮罩层。

① 在"生肖"图层上方新建图层，并重命名为"椭圆"。将库中的元件"圆"拖曳到舞台上略微调整宽度和高度，使其与灯笼主体部分重合，如图4-2-49所示。

【**小贴士**】可以在选定对象后，使用键盘方向键对对象位置进行微调。

②在"椭圆"图层的名称位置右击，从快捷菜单中执行"遮罩层"命令，并将红色滑块拖曳到中间，可以看到"生肖"只能在灯笼的主体部分显示，其余部分都"消失"了，如图4-2-50所示。

图4-2-49　设置"椭圆"图层

图4-2-50　将"椭圆"图层转化为选罩层

（5）测试、保存及导出影片。

测试影片，观看动画效果，并将动画文件保存为"L4-2-7.fla"，导出为"L4-2-7.swf"。

例4-8：利用"L4-2-8素材.fla"，参照"L4-2-8样例.swf"，制作卷轴在水平方向从中间向两边展开的动画

①在资源管理器中双击"L4-2-8样例.swf"，打开和观察动画效果。

②打开动画素材文档，观察库中素材，如图4-2-51所示，通过预览窗中的播放按钮试听"birdsound.mp3"。

③制作画底图层。将图层1重命名为"画底"，将库中的"卷轴.jpg"素材拖曳到画底图层第1帧的舞台上，将该图片和舞台的大小都调整为"800像素×600像素"，并对齐显示。

图4-2-51　库窗口中的素材

④制作画图层。锁定"画底"图层，新建名为"画"的图层，放置库中的"画.jpg"，并调整其大小和位置，如图4-2-52所示。

图4-2-52 制作画图层

⑤ 使画面延长到60帧，并锁定"画"图层，在其上方添加蝴蝶1和蝴蝶2图层，将库中"蝴蝶1.jgp"和"蝴蝶2.jgp"分别放置在这两个图层，并制作蝴蝶移动的补间动画，路径效果参考图4-2-53和图4-2-54。

【小贴士】在制作补间时，系统会提示将蝴蝶图片转换为元件，并可以通过编辑元件去除蝴蝶的白色背景。在完成补间的制作后，可以在"补间"面板上选中"调整到路径"，然后观察时间轴上该图层的变化和舞台上动画的变化。

图4-2-53 蝴蝶1图层动画　　　　　　　图4-2-54 蝴蝶2图层动画

⑥ 利用预设动画制作文字图层上的动画。锁定蝴蝶1和蝴蝶2图层，插入文字图层，在文字图层的第20帧输入如图4-2-55所示的"采花蝴蝶"文字，并将其转换为"文字"影片剪辑元件，然后对该实例设置"3D文本滚动"的默认动画预设效果。在第59帧，将文字拖曳到画的上方，如图4-2-56所示。在第60帧插入帧，并拆分动画。

图4-2-55　文字图层上设置预设动画

图4-2-56　文字图层中最后一个画面

⑦ 制作矩形遮罩图层动画。锁定文字图层，在该图层的上方插入名为"矩形"的图层。在该图层的第1~60帧，制作一个没有边框的矩形从水平居中逐渐展开的补间形状动画，矩形高度超过卷轴上下两边，填充颜色随意，首、尾帧如图4-2-57和图4-2-58所示。

图4-2-57　遮罩图层的第1帧

图4-2-58　遮罩图层的第60帧

⑧ 将矩形图层设置成遮罩图层属性，使其下方图层变成被遮罩图层。使用遮罩图层的快捷菜单，将其转换成遮罩层，如图4-2-59所示。其下方的文字图层缩进显示，自动变成了被遮罩层，如图4-2-60所示。选定文字图层下方的所有图层（可以利用Shift键辅助），执行快捷菜单中的"属性"命令，打开如图4-2-61所示的"图层属性"对话框，将这些图层都转换为被遮罩图层。

⑨ 制作图像上方移动的左、右轴。在矩形图层上方插入两个图层，分别命名为"左轴"和"右轴"，将库中的"左边轴.jpg"放置在左轴图层，将"右边轴.jpg"放置在右轴图层，制作两轴分别向左和向右移动的补间动画，如图4-2-62所示。

⑩ 使用简单脚本停止动画。在右轴图层上方插入AS新图层，在AS图层的第60帧插入关键帧，利用快捷菜单中的"动作"命令，打开如图4-2-63所示的"动作"面板，输入"stop（）;"语句，插入语句后，该关键帧的上方会显示"a"。

图4-2-59 将矩形图层转换为遮罩层

图4-2-60 文字层自动转换成被遮罩层

图4-2-61 将选定图层自动转换成被遮罩层

图4-2-62 制作图像上移动的左、右轴层

图4-2-63 添加停止的脚本语言

⑪ 为动画添加音效。在 AS 图层的上方插入音效新图层，在该图层的第 10 帧插入关键帧，并将库中的"birdsound.mp3"拖曳到舞台上，可以看到时间轴上出现的声音波形，如图 4-2-64 所示。

【小贴士】若希望音效能完整播放，可以在选定音效所在关键帧后，在属性面板中将"同步"设置为"事件"，如图 4-2-65 所示。

图4-2-64　添加音效图层

图4-2-65　设置音频同步

⑫ 测试影片，并保存导出动画。

6. 骨骼动画

在Fash动画中，有时要制作诸如人物走路、动物摇尾巴、毛毛虫爬行、机械手臂运动等动画，如果利用逐帧动画实现，需要手工绘制角色的每一个动作，工作量比较大。但利用Flash的骨骼动画，就可以很方便地实现这类效果。

同3ds Max的骨骼动画一样，Flash的骨骼动画利用的也是正反向动力学原理。利用Flash的"骨骼工具"，可以很便捷地把影片剪辑元件的实例或矢量图形对象连接起来，形成父子关系，来实现类似关节骨骼运动的动画。例如可以将骨骼绑定到固定对象，并使用"任意变形工具"调整骨骼各部分的支点。

例4-9：参照"L4-2-9样例.swf"，制作小人提拳然后冲拳的动画。

（1）新建和设置文档。

启动Flash后，新建Actionscript 3.0类型的文档。将画面设置为"显示帧"。

（2）绘制小人。

① 利用矩形工具和椭圆工具（笔触颜色设置为无色）创建如图4-2-66所示5个图形。

② 将各图形转换为影片剪辑元件后组成如图4-2-67所示的小人。在图形上右击，利用快捷菜单中的"排列"命令组可以调整各图形的前后排序。

图4-2-66 绘制小人的各个部分　　　图4-2-67 小人造型

（3）添加骨架并调整支点。

① 在工具箱上选择"骨骼工具"，从小人躯体顶部中间开始，分别向上臂、头部拖曳出骨架，再从上臂向前臂拖曳出骨架，最后从躯体向腿部拖曳出骨架，如图4-2-68所示。时间轴上会自动将小人各部分合并到新生成的骨架图层，而原来的图层1变成空层。

② 使用任意变形工具将上臂、前臂及腿部的支点都调整到各图形顶部的中间位置，如图4-2-69所示。这里所说的"支点"指的是用任意变形工具选中图形后，图形上显示的小圆点。在此操作过程中，如果各图形的位置、前后排序有变化，要重新调整好。

（4）制作小人运动动画。

① 右击骨架图层的第15帧，执行快捷菜单中的"插入姿势"命令，然后使用选择工具将前臂旋转到如图4-2-70所示的位置。

图4-2-68 创建骨架　　　图4-2-69 调整骨架支点　　　图4-2-70 提拳姿势

② 在骨架图层的第30帧插入姿势，但各图形不作任何改变。

③ 在骨架图层的第35帧插入姿势，使用选择工具将上臂、前臂旋转并移动到如图4-2-71所示的位置。

④ 在骨架图层的第60帧插入帧。

图4-2-71　冲拳姿势

（5）测试影片。

测试影片，并保存和导出动画。

【小贴士】在骨架图层的帧上右击，从快捷菜单中执行"删除骨架"命令，可以删除角色上的骨架。在骨架图层的姿势帧上右击，从快捷菜单中执行"清除姿势"命令，可以将该帧上插入的姿势删除。

7. 二维动画综合制作

例4-10：打开"L4-2-10素材.fla"文件，参照"L4-2-10样例.swf"，制作一个交通信号灯的动画，要求先绿灯亮49帧，后黄灯亮20帧，最后红灯亮30帧。然后在绿灯亮的最后15帧中增加闪烁3次的效果，帧频为"12 f/s"。

（1）导入素材及设置动画背景画面。

①打开"L4-2-10素材.fla"文件，执行"修改/文档"命令，设置帧频为"12 f/s"。

②执行"窗口/库"命令，显示"库"面板，设置舞台显示大小为"显示帧"。

③在第1帧上将库中的"背景"元件拖曳到舞台，如图4-2-72所示。

④执行"窗口/对齐"命令，打开"对齐"面板。勾选"与舞台对齐"，单击"水平居中分布""垂直中齐"，如图4-2-73所示。

图4-2-72　将背景元件拖曳到舞台

图4-2-73　对齐背景图片

⑤ 鼠标在时间轴的第90帧处右击，在快捷菜单中执行"插入帧"命令（或者按F5键），这样在1~90帧的时间段内，整个背景都会处于静止状态。

（2）制作绿灯亮40帧的动画效果。

① 单击时间轴左下方"新建图层"按钮，新建图层2。

② 选中时间轴上图层2的第1帧。

③ 选择工具箱中的"横圆工具"，设置"笔触颜色"为无色，设置"填充颜色"为绿色。

④ 按Shift+Alt组合键，在交通信号灯的最下方的黑色圆从圆心向外拖曳鼠标，绘制一个绿色的正圆，如图4-2-74所示。

图4-2-74 绘制绿色信号灯

（3）绿灯熄灭黄灯亮。

① 右击时间轴图层2的第41帧处，在快捷菜单中执行"插入空白关键帧"命令（或者按F7键），此时绿灯消失。

② 设置"填充颜色"为黄色（#FFFF00）。用绘制绿色圆的方法在信号灯的中间绘制一个黄色的圆。

（4）黄灯熄灭红灯亮。

① 在时间轴图层2的第61帧处插入空白帧。设置"填充颜色"为红色（#FF0000），用相同的方法在信号灯的上方绘制一个红色的圆。

② 通过按Ctrl+Enter组合键可观察绿、黄、红灯分别亮、暗的动画效果。

（5）绿灯闪烁3次。

① 按住Ctrl键，分别单击时间轴图层2的第25，30，35帧；按F6键，在该3帧处插入关键帧。

② 分别右击时间轴图层2的第24，31，36帧，选择快捷菜单中的"插入空白关键帧"命令，达到了闪烁的动画效果，时间轴上的状态如图4-2-75所示。

图4-2-75　制作绿灯闪烁动画

（6）测试、保存及导出影片。

将动画文件保存为"L4-2-10.fla"，导出为"L4-2-10.swf"，然后测试影片（提示：执行"控制/测试"命令或按组合键Ctrl+Enter），观察动画放映效果。

例4-11：打开"L4-2-11素材.fla"文件，参照"L4-2-11样例.swf"，制作一个总长为60帧的动画，父母站在舞台中央，从第1帧至第20帧，天使般的孩子从天而降至父母中间；从第20帧至第35帧，"心"冉冉升起并逐渐变大；从第40帧至第50帧，"心"形变为红色的文字"Love My Family"（文字字体：Arial，颜色：红色，字号：60）并保持至第60帧。

（1）导入素材及设置动画背景画面。

① 打开"L4-2-11素材.fla"文件，执行"修改/文档"命令，设置帧频为"24 f/s"。

② 将库中的图像"父亲"和"母亲"拖曳至舞台适当位置。

③ 在时间轴第60帧处右击，在快捷菜单中执行"插入帧"命令。

④ 单击时间轴左侧的"锁"，锁定图层1，结果如图4-2-76所示。

图4-2-76　设置动画背景

（2）建立孩子自上而下的动画效果。

① 单击时间轴左下方"新建图层"按钮，新建图层2。

② 单击时间轴上图层2的第1帧，将库中的图像"孩子"拖曳至舞台上方位置。

③ 右击图层2的第1帧，在快捷菜单中执行"创建补间动画"命令，如图4-2-77

所示。此时会弹出"将所选的内容转换为元件以进行补间"的提示窗口，提示将图像转换为元件，单击"确定"按钮。

【小贴士】补间动画的对象必须是元件。

---

④在时间轴上选中图层2的第20帧，将孩子拖曳到舞台下方父母中间，此时可观察到在第1~20帧之间出现了一条运动轨迹线，如图4-2-78所示。

图4-2-77 创建补间动画

图4-2-78 修改第20帧"孩子"的位置

（3）建立"心"由20帧至35帧逐渐变大的动画效果。

①单击时间轴左下方"新建图层"按钮，新建图层3。

②右击时间轴上图层3的第20帧，选择快捷菜单中的"插入空白关键帧"，将库中的图像"心"拖曳至舞台中央孩子的头部位置。

③选中图层3第20帧的"心"，执行"修改/分离"命令，"心"变为矢量图像。

④右击图层3的第35帧，在快捷菜单中执行"插入关键帧"命令。将第35帧的"心"拖曳至舞台上方适当位置。

⑤用工具栏中"任意变形工具"，选中第35帧"心"，拖曳控制点，适当放大。

⑥右击时间轴图层3的第20帧，在快捷菜单中执行"创建补间形状"命令，结果如图4-2-79所示。

（4）建立"心"从第40帧至第50帧，逐渐变为红色文字"Love My Family"的动画效果。

①右击时间轴上图层3的第40帧，选择快捷菜单中的"插入关键帧"。

②右击时间轴上图层3的第50帧，选择快捷菜单中的"插入空白关键帧"。选择工具栏中的文字工具，输入文字"Love My Family"（文字字体：Arial，颜色：红色，字号：60）。

③右击第50帧的文字"Love My Family"，执行2次"修改/分离"命令。

【小贴士】文字对象做补间形状动画时，必须"分离"为矢量图形。

④ 右击时间轴图层3的第40帧，在快捷菜单中执行"创建补间形状"命令，结果如图4-2-80所示。

图4-2-79　制作"心"放大动画　　　图4-2-80　制作"心"变文字动画

（5）测试、保存及导出影片。

执行"文件/另存为"命令，将动画文件保存为"L4-2-11.fla"，执行"文件/导出/导出影片"命令，将动画输出为"L4-2-11.swf"。

例4-12： 打开"L4-2-12素材.fla"文件，参照"L4-2-12样例.swf"，制作一个绿色出行广告宣传动画。动画总长80帧，帧频为"12 f/s"。

（1）打开素材文档并利用素材制作动画背景。

① 打开"L4-2-12素材.fla"文件，执行"修改/文档"命令，将舞台大小设置为"600像素×400像素"，帧频设置为"12 f/s"。

② 打开"库"面板，将"街道.jpg"图像拖曳到舞台。

③ 打开"对齐"面板，勾选"与舞台对齐"，单击"匹配宽度""匹配高度""垂直中齐""水平居中分布"，使"街道"背景图片与舞台大小相同并对齐。

④ 右击时间轴第80帧，在快捷菜单中执行"插入帧"命令并锁住图层1，结果如图4-2-81所示。

（2）建立"广告"图片以淡入的方式旋转出现逐渐布满整个舞台。

① 新建图层2，将库中的"广告.jpg"拖曳到舞台，执行"修改/转换为元件"命令，将其转换为图形元件。

② 使用"任意变形工具"适当缩小，用"对齐"面板使其居中对齐，如图4-2-82所示。

图4-2-81 设置动画背景

图4-2-82 缩小并对齐广告图片

③右击时间轴上图层2的第20帧，在"快捷菜单"中执行"插入关键帧"命令，将"图层2"第20帧的图像调整为与舞台相同大小，如图4-2-83所示。

④用"选择工具"单击图层2第1帧的图像，打开"属性"面板，下拉"样式"列表，选择"Alpha"，设置Alpha值为40%，如图4-2-84所示。

图4-2-83 插入关键帧并放大"图片"

图4-2-84 修改"图片"透明度

⑤右击时间轴上图层2的第1帧，在"快捷菜单"中执行"创建传统补间"命令，此时在第1帧和第20帧之间出现一黑色箭头线。

⑥单击时间轴上图层2的第1帧，在"属性"面板中设置顺时针旋转1次，如图4-2-85所示。

（3）建立"共享单车"图像从第21帧至第80帧由大到小逐渐淡出的动画效果。

①右击时间轴上图层2的第21帧，在"快捷菜单"中执行"插入空白关键帧"命令。

②将库中的"共享单车"拖曳到图层2的第21帧，在第80帧插入关键帧。

③用"选择工具"单击第80帧的"共享单车"图像，打开"属性"面板，设置Alpha值为0%。

④右击时间轴上图层2的第21帧，在"快捷菜单"中执行"创建传统补间"命令，此时在第21~80帧之间出现一黑色箭头线，结果如图4-2-86所示。

【小贴士】以上两个"传统补间"动画效果也可以采用"补间动画"来制作，可尝试用不同方法去实现动画效果，体会两种方法的异同。

图4-2-85 设置旋转参数 　　图4-2-86 制作共享单车缩小淡出的动画

（4）利用已有的"骑车人"影片剪辑元件，建立"骑车人"图像从第21~70帧自右向左行驶最后静止10帧的动画效果。

①新建图层3，右击时间轴上图层3的第21帧，在"快捷菜单"中执行插入空白关键帧命令。

②将岸中的"骑车人"影片剪辑元件拖曳到图层3第21帧的右侧。

③用"任意变形工具"适当放大"骑车人"，如图4-2-87所示。

④右击时间轴上图层3的第21帧，在"快捷菜单"中执行"创建补间动画"命令。

⑤单击时间轴上图层3的第70帧，将"骑车人"拖曳到舞台左侧，如图4-2-88所示。

图4-2-87 设置第21帧"骑车人"的位置与大小 　图4-2-88 设置第70帧"骑车人"的位置

（5）测试、保存及导出影片。

将动画文件保存为"L4-2-12.fla"，导出为"L4-2-12.swf"，然后测试影片，观察动画放映效果。

例4-13：打开"L4-2-13素材.fla"文件，参照"L4-2-13样例.swf"，制作小虾游泳的动画，先建立一个名称为"虾"的影片剪辑元件，然后制作一个小虾在水中穿行72帧后静止24帧的动画。背景颜色为#66CC99，帧频为"12 f/s"。

（1）打开素材文件，设置文档属性。

启动FlashCC，打开"L4-2-13素材.fla"文件，显示"库"面板，将舞台背景颜色设置为#66CC99，帧频为"12 f/s"。

（2）创建一个名称为"虾"的影片剪辑元件，其内容为虾系列图片产生的逐帧动画。

① 执行"插入/新建元件"命令，或者按Ctrl+F8组合键，出现"创建新元件"的对话框，输入名称为"虾"，类型选"影片剪辑"。

② 将库中的"虾1"拖曳到舞台中心点，单击时间轴上的第2帧，按F7键插入空白关键帧。将"库"中的"虾2"拖曳到编辑窗口的中心，重复上述操作。将"虾3.png"至"虾6.png"图片拖曳到对应的帧上。利用"对齐"面板，将各帧的虾居中对齐，如图4-2-59所示。

图4-2-89 建立"虾"的影片剪辑动画

③ 结束影片剪辑的编辑。单击编辑窗口左上角的"场景1"，影片剪辑元件制作完成，回到"场景"的舞台上，"虾"的影片剪辑元件被保存在库中。

（3）在舞台插入影片剪辑元件并改变其大小方向。

① 确认当前帧在图层1的第1帧上。双击图层1文字，将该图层命名为"虾"，将库中"虾"的影片剪辑元件拖曳到舞台的右下角。

② 执行"窗口/变形"命令，或者按组合键Ctrl+T，出现"变形"面板，缩放大小均为50%，旋转为-90，最后在96帧处插入帧。

（4）制作动画的荷花背景。

① 单击时间轴左下角的"新建图层"按钮，创建图层2，并命名为"荷花"。

② 将库中的"荷塘图"拖曳到舞台并居中，最后单击该图层的锁定按钮，将该图层锁定。

（5）制作虾的补间动画。

① 右击"虾"层的第1帧，在"快捷菜单"中执行"创建补间动画"命令。

② 在时间轴上单击48帧处，将"虾"的影片剪辑元件拖曳到左边水草的下方。

③ 在时间轴上单击49帧处，用任意变形工具拖曳旋转"虾"元件将其头部对向右边的文字，如图4-2-90所示。

④ 在时间轴上单击72帧处，将"虾"元件移到右边的文字下方并再将其缩小一点。用"选择工具"选中第72帧的"虾"，打开"属性"面板，将Alpha值设为40%，如图4-2-91所示。

图4-2-90　设置第49帧"虾"的方向

图4-2-91　设置第72帧"虾"的大小与透明度

（6）测试、保存及导出影片。

将动画文件保存为"L4-2-13.fla"，导出为"L4-2-13.swf"，然后测试影片，观察动画放映效果。

例4-14：参照"L4-2-14样例.swf"，利用配套素材"bird.png"和"stone.jpg"两幅图片，制作一个望远镜随飞鸟运动效果的动画。动画画面宽度和高度设置为"1024像素×768像素"，每秒12帧，总长50帧。

（1）新建文档及导入素材。

①启动Flash，并单击"新建"中的"Flash文件（ActionScript 3.0）"，执行"修改/文档"命令，将文档宽高设置为"1024像素×768像素"，并设置帧频为"12 f/s"。

②将舞台大小调节为"显示帧"，执行"文件/导入/导入到库"菜单命令，将配套素材"bird.png"和"stone.jpg"图片导入到库。

（2）制作背景。

① 将默认图层重命名为"背景"，将库中的"stone.jpg"拖曳到舞台上，并利用"属性"面板，将图片的宽度修改为1024，将高度修改为768（如果锁定宽高比，则修改了宽度后，高度自动变成"768像素"）。利用"对齐"面板，将图片调整为在舞台上居中对齐。

② 执行"修改/转换为元件"菜单命令，选择元件类型为"图形"，名称设置为"山"。然后利用"属性"面板，将实例"山"的透明度调整为30%，最后右击时间轴第50帧，执行"插入帧"命令，并将背景图层锁定，如图4-2-92所示。

（3）制作遮罩效果。

① 新建图层，并重命名为"山"，打开库面板，将"山"图形元件拖曳到舞台，执行"修改/变形/缩放和旋转"命令，将该元件缩放为110%，并利用"对齐"面板居中对齐，最后锁定该图层。

② 在"山"图层的上方添加新图层，并命名为"望远镜"。使用椭圆工具，按Shift键同时在舞台上拖曳，绘制一个圆（无边框色，填充色为任意）。选定该圆后，按Shift+Alt组合键，将圆向右边拖曳，复制成为两个有部分重叠的圆。然后使用选择工具对所绘制的双圆拖曳全部选定，执行"修改/转换成元件"命令，将其转换为名为"望远镜"的图形元件，效果如图4-2-93所示。

图4-2-92 制作背景

图4-2-93 制作遮罩效果

③ 右击"望远镜"图层的图层名称位置，执行快捷菜单中的"遮罩层"命令，便可以看到图层自动缩进，并显示出遮罩效果，如图4-2-94所示。

数字媒体技术

图4-2-94　将"望远镜"图层转换为遮罩层

【小贴士】遮罩层和被遮罩层同时锁定时，才能看到遮罩效果，取消锁定后，可以对这两个图层进行编辑修改。

（4）制作无背景的飞鸟元件。

① 执行"插入/新建元件"命令，创建名称为"飞鸟"的图形元件，将库窗口中的"bird.png"拖曳到该新元件的舞台上，并使用"对齐"面板将其在舞台上居中对齐。

② 执行"修改/文档"命令，将背景设置为其他颜色，如图4-2-95所示，以方便删除飞鸟四周的白色背景。

图4-2-95　修改舞台背景层

③ 使用"选择工具"单击选定舞台上的飞鸟，执行"修改/分离"命令，单击蓝色背景处取消选定。然后使用工具箱中的"魔术棒工具"（与"套索工具"在一起）单击飞鸟的白色背景部分，按Delete键删除白色背景。如果这样还没有全部删除，可以使用工具箱中的"橡皮擦工具"，在需要擦除的位置上拖曳，擦除残余部分。

④ 将背景恢复到白色单击舞台左上方的"场景1"按钮，回到场景编辑舞台。

（5）制作飞鸟图层。

① 在望远镜图层上方新建图层，并重命名为"飞鸟"，打开"库"面板，将"飞鸟"图形元件拖曳到舞台右下角。

196

② 使用工具箱中的"任意变形工具"单击舞台上的飞鸟，使其四周出现控制点，按住Shift键同时拖曳右下角控制点将飞鸟缩小到比较合适的大小。

【小贴士】按住Shift键的同时进行拖曳能按比例缩放对象。

③ 执行"插入/补间动画"命令，使该图层变成补间动画图层，然后分别将时间轴上的红色滑块放置到第15，30，45帧，将飞鸟放置到不同的位置。然后通过拖曳舞台上出现的渐变提示点线，将飞鸟飞翔路径调整为合适的弧线，如图4-2-96所示。

图4-2-96 创建"飞鸟"补间动画

（6）制作望远镜与飞鸟同步运动的补间动画。

① 单击望远镜图层上的锁，取消对该图层的锁定，执行"插入/补间动画"命令，将该图层转变为补间动画图层，然后分别将第1，15，30，45帧上的望远镜的位置放置在与飞鸟一致。然后锁定该图层。

② 选择飞鸟图层，并单击选中飞鸟图层的补间动画路径线，按组合键Ctrl+C复制该路径线，然后锁定该图层。取消望远镜图层上的锁定，并选定该图层舞台上的补间动画路径线，执行"编辑/粘贴到当前位置"命令，望远镜图层上的补间动画路径线被取代为与飞鸟图层相一致的路径线，如图4-2-97所示。

③ 将望远镜图层第50帧与51帧之间的交界处（指针成为单线双剪头）拖曳到第45帧，然后按住Shift键，拖曳第45和46帧之间的交界处到第50帧，使望远镜运动的最后一个画面位于第45帧，与飞鸟图层相一致。锁定望远镜图层后，拖曳红色滑块，可以看到望远镜与飞鸟基本同步运动。效果如图4-2-98所示。

图4-2-97　将望远镜动画路径设置为与飞鸟一致

图4-2-98　望远镜随飞鸟运动的效果图

（7）测试、保存及导出影片。

①执行"文件/另存为"命令，将制作好的动画保存为"L4-2-14.fla"。

②执行"文件/导出/导出影片"命令，将动画导出为"L4-2-14.swf"。

③测试影片，查看动画放映效果。

例4-15：打开"L4-2-15素材.fla"文件，参照"L4-2-15样例.swf"，制作章鱼的一条腿运动的动画。

①制作准备。打开"L4-2-15素材.fla"文件，设置舞台大小为"显示帧"，并将所有图层都延续显示到50帧。

②观察素材。分别单击时间轴上"显示或隐藏所有图层"眼睛下方的黑色圆点，观察各个图层对应的画面内容，如图4-2-99所示。

③为arm1添加骨架。选定arm1图层第1帧，单击骨骼工具后，在舞台上arm1对象上拖曳出几段，如图4-2-100所示。

④设置章鱼腿的运动，分别将红色滑块移动到第11，25，35，50帧，每到一处拖

曳章鱼腿改变其位置，如图4-2-101所示。

　　⑤ 将动画文件保存为"L4-2-15.fla"，导出为"L4-2-15.swf"，然后测试影片，观察动画放映效果。

图4-2-99　添加音效图层

图4-2-100　使用骨骼工具为arm1定义骨骼（1）

图4-2-101　使用骨骼工具为arm1定义骨骼（2）

4.2.3 习题与实践

1. 简答题

（1）逐帧动画与补间动画的主要区别是什么？

（2）"插入"菜单中的"补间动画"命令与"传统补间"命令在用法上有什么区别？

（3）遮罩图层（即遮罩层）能直接创建吗？如何将一般图层转化为遮罩图层？

2. 操作题

（1）打开"SY4-2-1素材.fla"文件，参照"SY4-2-1样例.swf"，按下列要求制作动画。

① 设置影片大小为"500像素×400像素"，帧频为"10 f/s"，背景颜色为"#000000"。

② 将"迪士尼.jpg"图片放入舞台，调整其大小与舞台相同，转换为元件，创建从第1帧到第30帧淡入出现的动画，显示至第60帧。

③ 新建图层2，将库中"元件1"元件放在图层2第30帧的舞台右上方，显示至第60帧。再次新建图层，将库中"元件2"元件放入，居中，创建从第1帧至第30帧顺时针旋转3周，并移动到"元件1"位置处的动画，显示至第60帧。

④ 新建图层4，将库中"文字1"元件放入第30帧，闪烁3次至第50帧，显示至第60帧。

⑤ 动画源文件存储为"SY4-2-1.fla"，导出动画文件名为"SY4-2-1.swf"，都保存在C:/KS文件夹中。

（2）打开"SY4-2-2素材.fla"文件，参照"SY4-2-2样例.swf"，按下列要求制作动画。

① 设置影片大小为"176像素×208像素"，动画总长为60帧。

② 将"bj.gif"元件放置在图层1，显示至第60帧，作为动画的背景。

③ 新建图层2，对"yj1.gif"元件进行适当处理，使"yj1.gif"元件从图层2第10帧至第40帧自右向左运动，静止显示至第60帧。

④ 新建图层3，利用库中的"元件1"元件制作动画，使该元件自图层3第15帧至第40帧自右向左运动。静止显示至第60帧。

⑤ 动画源文件存储为"SY4-2-2.fla"，导出动画文件名为"SY4-2-2.swf"，都保存在C:/KS文件夹中。

（3）打开"SY4-2-3素材.fla"文件，参照"SY4-2-3样例.swf"，按下列要求制作动画。

① 将库中"迪士尼.jpg"图片放入舞台，调整其大小和舞台相同，作为整个动画的背景，显示至50帧。

② 新建图层，将库中"元件1"元件放入，创建从第1帧至第25帧由左下方运动到中间的动画，显示至第30帧，创建从第30帧至第50帧由中间运动到右下方逐渐变小为60%并淡出的动画。

③ 新建图层，将库中"元件2"元件放入，显示至50帧。

④ 利用遮罩，使"元件2"文字能够从第1~25帧逐渐显示出来，并显示至50帧。

⑤ 动画源文件存储为"SY4-2-3.fla"，导出动画文件名为"SY4-2-3.swf"，都保存在C:/KS文件夹中。

4.3　简单三维动画的制作

如果需要在计算机上显示三维立体效果的动画，可以制作三维动画。三维动画的一般制作过程为动画角色建模→材质贴图→灯光和摄像机→创建动画→输出动画。

4.3.1　简单三维动画的制作体验

以下使用由美国Autodesk公司开发的三维动画制作软件3ds Max体验三维建模及三维基本动画的制作。

例4-16：参照"L4-3-1样例.avi"，使用3ds Max 2015创建小球旋转的动画

① 启动3ds Max 2015，其默认的程序窗口基本组成如图4-3-1所示。

图4-3-1　3ds Max窗口组成

② 在主工具栏上单击选择按钮，打开三维捕捉开关。在选中的按钮上右击，打开"栅格和捕捉设置"对话框，勾选"栅格点"与"边/线段"复选框（其他不要选，否则操作时会造成不必要的干扰）。关闭"栅格和捕捉设置"对话框。

③ 单击或右击选择视图区中的顶视口。执行"创建/图形/圆"菜单命令，光标捕捉到顶视口中心的栅格点（两条最粗删格线的交点——世界坐标系原点），按下鼠标左键拖动光标绘制圆形（本例动画中小球的轨道，见图4-3-2中的圆形），并在命令面板的

"插值"卷展栏勾选"自适应"复选框（系统自动优化以提高曲线精度），在"渲染"卷展栏勾选"在渲染中启用"复选框（使圆形能够渲染出来，默认设置下图形是不渲染的）。

图4-3-2　创建基本三维模型

④ 执行"创建/标准基本体/球体"菜单命令，捕捉顶视口中心栅格点，按下鼠标左键拖动光标绘制球体（见图4-3-2中大的球体），并在命令面板的"参数"卷展栏取消勾选"平滑"复选框。

⑤ 执行"创建/标准基本体/几何球体"菜单命令，捕捉圆形的弧线，按下鼠标左键拖动光标绘制几何球体（见图4-3-2中小的球体），并在命令面板的"参数"卷展栏取消勾选"平滑"复选框，至此，动画模型创建完成。

⑥ 在主工具栏上再次单击按钮以关闭三维捕捉开关，准备开始录制动画。

⑦ 在主工具栏上单击选择按钮，打开角度捕捉开关。在选中的 🏠 按钮上右击，再次打开"栅格和捕捉设置"对话框，将"角度"设置为180°。关闭"栅格和捕捉设置"对话框。

⑧ 在主工具栏上单击选择"选择并旋转"工具，在顶视口单击选择大的球体，此时显示的旋转控制装置与默认的视图坐标系的关系为沿红色竖直线方向拖动光标可使球体围绕X轴旋转——X轴正向水平向右；沿绿色水平线拖动光标可使球体围绕Y轴旋转——Y轴正向竖直向上；沿黄色圆圈拖动光标可使球体围绕Z轴旋转——Z轴正向垂直于屏幕指向用户。

⑨ 在动画控制区单击选择自动关键点按钮（默认设置下底色变红色），进入轨迹栏基本动画的录制模式。在动画控制区的"新建关键点的默认入/出切线"按钮上按下鼠标左键不要松开，从弹出的菜单中选择，将运动设置为匀速。场景中大的球体在第0帧保持当前的状态。将轨迹栏上的时间滑块0/100向右拖动到最右端，即第100帧100/100，在顶视口将光标定位在黄色圆圈上，按下鼠标

左键沿顺时针方向拖动光标，使大球围绕Z轴旋转360°，如图4-3-3所示（注意操作过程中上方标出的角度提示值）。

⑩ 创建大球动画。在动画控制区单击自动关键点按钮退出动画录制模式，关闭角度捕捉开关。

⑪ 用添加动画控制器的方法创建小球动画。在顶视口单击选择小球，执行"动画/位置控制器/路径约束"菜单命令，在顶视口的圆形弧线上单击，这样小球就可以沿着圆形路径旋转了。

⑫ 单击或右击选择视图区中的透视口。在动画控制区单击"播放动画"按钮，观看动画效果。

图4-3-3 录制动画

⑬ 保存场景并导出动画。在3ds Max窗口左上角的应用程序图标 上单击，利用弹出的菜单中的"另存为"命令保存场景文件（"*.max"格式）。

⑭ 执行"渲染/渲染设置"命令，打开"渲染设置"对话框。在"时间输出"参数区选择"活动时间段"单选按钮。在"输出大小"参数区选择画幅大小。在"渲染输出"参数区单击"文件"按钮，打开"渲染输出文件"对话框，输入文件名，选择保存类型"AVI文件（.avi)"，单击"保存"按钮。在弹出的"AVI文件压缩设置"对话框中设置动画质量（主帧频率采用默认值即可），单击"确定"按钮返回"渲染设置"对话框。单击对话框右下角的"渲染"按钮，即可渲染输出动画。

⑮ 动画输出完毕后关闭渲染窗口，关闭"渲染设置"对话框，退出3ds Max。

4.3.2 习题与实践

1. 简答题

常用的三维动画制作软件有哪些？它们各自的优势是什么？

2. 操作题

使用 3ds Max 2015，参照"SY4-3-1样例.avi"，创建小球弹跳的动画，保存为"SY4-3-1.max"。

操作提示：

（1）在顶视口创建球体。

（2）进入"自动关键点"动画录制模式，将时间滑块拖动到第50帧。在主工具栏上选择"选择并移动"工具，在透视口单击选择球体（注意状态栏上 Y 轴坐标值为0），光标定位在 Y 轴上向上拖动球体到一定高度。

（3）将时间滑块拖动到第100帧，将状态栏上 Z 轴坐标值设置为0。

（4）退出动画录制模式。在主工具栏上单击"曲线编辑器"按钮，打开"轨迹试图-曲线编辑器"窗口。曲线上有三个关键点，单击选择左边的关键点，在窗口顶部的工具栏上单击选择"将切线设置为快速"按钮；选择顶部中间的关键点，在工具栏上选择"将切线设置为慢速"按钮；将右边的关键点也设置为快速（和左边的关键点一样）。最终曲线形状如图4-3-4所示。

（5）关闭"轨迹视图-曲线编辑器"窗口。保存场景文件，输出动画，退出 3ds Max 2015。

图4-3-4 "轨迹试图-曲线编辑器"窗口

4.4 综合练习

一、单选题

1. 以下属于动画制作软件的是_____。

    A. Photoshop   B. Ulead Audio Editor

    C. Flash   D. Dreamweaver

2. 在 Flash 中，用文本工具制作的文字为_____对象。

    A. 非矢量   B. 矢量   C. 位图   D. 图像

3. _____是Flash的标准脚本语言。

    A. C语言　　　　　　　　　　　　　　　B. Java

    C. VB　　　　　　　　　　　　　　　　D. ActionScript

4. Flash中，在元件编辑状态下对元件的修改将_____所有的该元件的实例。

    A. 不影响　　　　　　　　　　　　　　B. 影响

    C. 有时影响　　　　　　　　　　　　　D. 有时不影响

5. _____是Flash导出影片的默认格式。

    A. SWF　　　　　B. GIF　　　　　C. MPEG　　　　　D. 3ds

6. 在Flash中，使用"文档设置"对话框不能更改的属性是_____。

    A. 舞台大小　　　　B. 帧速率　　　　C. 显示比例　　　　D. 背景颜色

7. 在Flash中，使用任意变形工具不可以对舞台上的组合对象实施_____变形。

    A. 倾斜　　　　　B. 封套　　　　　C. 缩放　　　　　D. 旋转

8. 以下_____不是Flash的特色。

    A. 简单易用　　　　　　　　　　　　　B. 基于矢量图形

    C. 基于位图图像　　　　　　　　　　　D. 流式传输

二、填空题

1. 在Flash中，将一个元件拖曳到舞台上，这个元件就变成_____。

2. 动画的形成是利用了人眼的_____特征。

3. 目前研究的动画产生理论已不再限于视觉暂留特征这一简单的解释，更进一步说就是画面和_____的变化使人脑产生了运动幻觉，这才是动画产生的真正原因。

4. 从动画的视觉效果来看，计算机动画可分为产生平面动态图形效果的_____动画、具有立体效果的三维动画和用于虚拟现实的真实模拟动画。

5. 3ds Max是由美国Autodesk 公司开发的_____动画制作软件，主要用于模拟自然界、产品设计、建筑设计、影视动画制作、游戏开发、虚拟现实技术等领域。

三、操作题

1. 打开本书配套资源第4章文件夹中的"ZH4-4-1素材.fla"文件，按下列要求制作动画。效果参照本书配套资源第4章文件类中的"ZH4-4-1样例.swf"文件（除"样张"字符外），制作结果以"ZH4-4-1.swf"为文件名保存在C:/KS文件夹下。注意添加并选择合适的图层，动画总长为40帧。

    （1）将元件6放置在图层1，在第1~20帧制作其加速下降的动画效果，第20~40帧制作其减速下降并逐渐消失的动画效果。

    （2）将元件6放置在图层2，在第1~20帧制作其加速下降的动画效果，并静止显示至40帧。

2. 打开本书配套资源第4章文件夹中的"ZH4-4-2素材.fla"文件，按下列要求制作动画。效果参照本书配套资源第4章文件夹中的"ZH4-4-2样例.swf"文件（除"样张"字符外），制作结果以"ZH4-4-1.swf"为文件名保存在 C:/KS 文件夹下。注意添加并选择合适的图层，动画总长为80帧。

（1）将库中"地球"元件放置在图层1的第1帧，作为动画的背景，显示80帧。

（2）第1～20帧，海宝在地球正上方自身顺时针旋转2圈。

（3）第21～40帧，海宝绕地球顺时针旋转1圈。

（4）第41～60帧，海宝图案变成了文字"海宝欢迎您"，并静止显示到80帧。

3. 打开本书配套资源第4章文件夹中的"ZH4-4-3素材.fla"文件，按下列要求制作动画。效果参照本书配套资源第4章文件夹中的"ZH4-4-3样例.swf"文件（除"样张"字符外），制作结果以"ZH4-4-3.swf"为文件名保存在 C:/KS 文件夹下。注意添加并选择合适的图层，动画总长为70帧。

（1）将库中"背景"元件放置在图层1的第1帧，作为动画的背景，显示至70帧。

（2）第1～25帧，救护车从右侧走到左侧。

（3）第26～45帧，救护车变为文字"夜间行车"；第55帧，文字变黄色；第60帧，文字变蓝色。

（4）第5～30帧，自行车从右侧走到左侧。

（5）第31～50帧，自行车变为文字"安全第一"；第55帧，文字变蓝色；第70帧，文字变红色。

4. 打开本书配套资源第4章文件夹中的"ZH4-4-4素材.fla"文件，按下列要求制作动画。效果参照本书配套资源第4章文件夹中的"ZH4-4-4样例.swf"文件（除"样张"字符外），制作结果以"ZH4-4-4.swf"为文件名保存在 C:/KS 文件夹下。注意添加并选择合适的图层，动画总长为60帧。

（1）设置影片大小为"500像素×322像素"，帧频为"12 f/s"。将"背景"元件放置到舞台中央，创建从第1帧到第40帧背景从无到有的动画效果，并静止显示至第60帧。

（2）新建图层，将"蝴蝶动画"影片剪辑放置到舞台，调整大小和方向，创建第1帧到第20帧蝴蝶从右上角飞到花上，然后调整方向，从第25帧到第40帧飞到另一朵花上的动画效果，并显示至60帧。

（3）新建图层，创建文字"蝴蝶飞舞"，华文楷体，大小36，使文字从第1帧到40帧文字从蓝色变为红色且变大，并静止显示至第60帧。

（4）新建图层，将库中"幕布"元件放入，淡化（Alpha为40%），创建从第45帧到第60帧从左到右拉上幕布的动画效果。

5. 打开本书配套资源第4章文件夹中的"ZH4-4-5素材.fla"文件，按下列要求制作动画。效果参照本书配套资源第4章文件夹中的"ZH4-4-5样例.swf"文件（除"样张"字符外），制作结果以"ZH4-4-5.swf"为文件名保存在 C:/KS 文件夹下。注意添加并选择合适的图层，动画总长为60帧。

(1) 将库中的"背景"元件放置到舞台中央，设置影片大小与"背景"图片大小相同，帧频为"10 f/s"，并静止显示至60帧。

(2) 新建图层，将"小鸟动画"影片剪辑放置在该图层，调整大小和方向，创建小鸟从第1帧到第40帧从右上到左下的动画效果，并显示至60帧。

(3) 新建图层，将"文字1"元件放置在该图层，从第1帧静止显示至第20帧。然后创建从第20帧至第50帧将"文字1"变形为"文字2"，且"文字2"颜色变为"#FF9900"的动画效果，并静止显示至60帧。

(4) 新建图层，利用"叶子1"元件，适当调整方向，创建从第1帧到第30帧叶子从右往左，从第30帧到第60帧叶子从左往右摇曳的动画效果。

6. 打开本书配套资源第4章文件夹中的"ZH4-4-6素材.fla"文件，按下列要求制作动画。效果参照本书配套资源第4章文件夹中的"ZH4-4-6样例.swf"文件（除"样张"字符外），制作结果以"ZH4-4-6.swf"为文件名保存在C:\KS文件夹下。注意添加并选择合适的图层，动画总长为80帧。

(1) 设置影片大小为"400像素×300像素"，帧频为"12 f/s"。

(2) 将"元件2"适当调整大小后放在中心，制作在第1～9帧保持静止，第10～20帧逐渐变大的动画效果，并显示至80帧。

(3) 新建图层，在第20～40帧制作"元件1"淡入的动画效果，并显示至80帧。

(4) 新建图层，在第41～60帧制作放大后的"元件2"变化为"旧上海浮光掠影"元件文字的动画效果，并显示至80帧。

(5) 新建图层，利用"幕布"元件，从第1帧到59帧在左边静止，并创建从第60帧到第80帧拉上幕布的效果。

7. 打开本书配套资源第4章文件夹中的"ZH4-4-7素材.fla"文件，按下列要求制作动画。效果参照本书配套资源第4章文件夹中的"ZH4-4-7样例.swf"文件（除"样张"字符外），制作结果以"ZH4-4-7.swf"为文件名保存在C:\KS文件夹下。注意添加并选择合适的图层，动画总长为40帧。

(1) 设置影片大小为"400像素×300像素"，帧频为"12 f/s"，背景颜色为"#999999"。

(2) 从第1帧到第5帧，"苍蝇在飞"元件从底部中间运动至右上角，从第5帧到第10帧，从右上角运动至左上角，并静止显示至20帧；在第20帧使用"打扁了"元件代替"苍蝇在飞"元件，并静止显示至40帧。

(3) 新建图层，从第10帧到第18帧制作"苍蝇拍"元件从右下角向左上移动，并静止显示至25帧。

(4) 从第25帧到第35帧制作"苍蝇拍"变为"文字"元件的效果，显示至40帧。

本章小结

第 5 章

视频处理基础

项目简介

视频是多媒体系统中主要的媒体形式之一。现代人需要在短时间内传递大量的信息，仅有文字和图片已经无法满足人们的需求，视频就是这样一个快速的载体。现在，诸如微信小视频、西瓜视频等非常受欢迎。这些视频都是怎么制作的呢？你是不是也想把自己平时的照片制作成视频给家人朋友展示？本章主要介绍数字视频的获取、压缩编码、文件格式、常用播放工具，以及使用"快剪辑"视频处理软件制作视频的基本方法。

项目分解

通过本章的学习，要求达到以下目标。

（1）能说出数字视频信息有哪些获取途径。

（2）能说出什么是数字视频。

（3）能说出视频为什么能压缩，视频压缩的基本原理和常用编码方案。

（4）能区别10种不同的常用视频文件格式的差异，并知道该如何使用它们。

（5）能使用"格式工厂"工具软件进行所熟悉的视频文件格式的转换。

（6）能使用"快剪辑"工具软件，根据需要进行视频信息的导入、剪辑、合成、叠加、转换和配音等视频编辑。

（7）能进行视频的导出和上传。

5.1　视频基础

视频是多幅静止图像（图像帧）与连续的音频信息在时间轴上同步播放的混合媒体。当多幅静止图像以一定速率依次连续地快速呈现，就形成了具有运动感的连续影像，因此视频也被称为运动图像。与动画产生运动感的原理相似，视频的动感也是利用了人眼的视觉暂留效应。

5.1.1　数字视频信息的获取

视频按照存储信息与处理方式的不同，可以分为模拟视频和数字视频两种。传统的影音设备如录像机、电视机、VHS摄像机等都是用视频模拟信号记录数据，目前已经不常使用了。这种模拟视频数据必须通过专用设备将其转换为数字视频数据，才能在计算机中进行处理。目前使用广泛的是一些数字视频设备，如数码摄像机、数字摄像头、3D摄像机等，用这些数字设备可以直接获得数字视频信号，直接连接计算机使用。

1. 利用视频采集卡获取

在使用计算机进行视频编辑时，如果原始视频资料是用传统影音设备拍摄的，或者是存储在模拟设备中的，则首先需要将模拟信号转换为数字信号。将模拟信号转换为数字信号的过程称为A/D转换，可以通过视频采集卡实现。视频采集卡（VCC，video computer card）又称视频捕捉卡，广泛应用于工业检测、智能交通、医学影像等领域。其主要功能是对视频输入端的模拟信号进行采集、量化和编码压缩成数字视频，其过程如图5-1-1所示。视频采集卡一般都配有相应的采集应用程序以控制采集过程，此数字视频编辑软件，如"会声会影8"也带有采集、编辑格式转换的功能。视频采集卡种类繁多，有1394采集卡、USB采集卡、HDMI采集卡、VGA视频采集卡、PCI视频采集卡等。

传统模拟摄像机　　　　　　　　　1394　　　　　　　　　　电脑

模拟信号　　　　　　　　视频采集卡　　　　　　　　　电脑
（录音机）

图5-1-1　模拟信号转换为数字信号

2. 利用数字视频设备获取

可用于视频拍摄的数字视频设备有数码摄像机、数字摄像头、手机、3D摄像机等，如图5-1-2和图5-1-3所示。

图5-1-2　数码摄像机

图5-1-3　数字摄像头

数码摄像机简称DV（digital video），它通过感光元件将光信号转变成电信号，再将电信号转变为数字信号。目前主流的数码摄像机多采用MPEG4和H264视频编码，其动态影像记录分辨率可以达到1920像素×1080像素甚至更高。数码摄像机一般通过 USB接口或者IEE1394接口与计算机连接。

数字摄像头也是一种广泛使用的数码摄像装置，它通过感光元件和内部电路直接把视频信号转换成数字信号，通过USB接口连接计算机，实现实时的视频采集。

3D摄像机是一种全景视频拍摄装置，如图5-1-4所示。用它可以进行360°拍摄；用户在观看视频时，也可以随意调节观看角度从而可以全方位观看。全景拍摄是指以某个点为中心进行水平360°和垂直180°的拍摄，多采用鱼眼镜头。拍摄好的视频还要用专用软件进行拼接，以便驱动全景浏览。目前全景视频大多用于旅游景点拍摄、场馆的展示和医疗观察上。

图5-1-4　全景拍摄

3. 使用视频编辑软件制作视频

使用Windows Movie Maker、爱美刻、爱剪辑、快剪辑、Adobe Premiere、Adobe After Effects、Ulead Video Studio等视频编辑软件可以制作视频。这些编辑软件可以对图像素材、音频素材和视频素材在"时间线"上进行任意修改、剪接、渲染、特效等处理。其支持的存储格式也非常多。使用视频编辑软件制作视频，让视频的编辑更随意和自由，也使制作者能充分发挥想象力，有更大的创作空间。

5.1.2　数字视频基本概念

无论是使用数字设备直接拍摄或者使用视频工具软件编辑制作，在创建和保存数字视频信息时必须了解下述视频概念。

1. 帧速率

帧是动画的构成元素，在动画中每一幅静态图像被称为一帧。帧速率指每秒录制或播放多少帧，单位是f/s，速率越高，视频画面就越流畅，视频文件占用的空间就会越大，一般电影的帧频是24f/s，电视的帧频是25f/s，也有30f/s的。

2. 视频分辨率

视频分辨率指对每帧图像在水平和垂直方向进行像素划分。例如640像素×480像素，表示每帧图像在水平上被划分为640个像素点，垂直方向上被划分为480个像素点。视频分辨率的大小决定了视频每一幅静态图像的质量和视频的尺寸大小。但视频尺寸通常只用垂直方向的像素数表示，一般有480P、720P、1080P等。

3. 码率

码率也称视频比特率，指每秒传输视频信息的二进制位数，单位为比特/秒（b/s）。比特率越高，传送数据速度越快。当带宽足够高时，码率可以设高一些，这样不仅能减少等候时间，也能保证网络播放视频的连续性；当带宽不足时，只能选择低的码率。码率一般有1500 b/s、3000 b/s等。

4. 标清、高清、2K和4K

标清视频（standard definition，SD）垂直分辨率一般480P，最高不超过576P；高清视频（high definition，HD）最低720P，一般可达1080P。

2K和4K是高于高清电视标准的数字电影格式，分辨率分别为2048P×1365P和4096P×2730P。目前，高端数字电影摄像机均支持2K和4K的标准。

5.1.3　视频压缩与编码

视频信息数字化以后通常都需要进行压缩，以减少存储空间的占用。视频压缩主要基于视频数据在空间上、时间上和视觉上的多种冗余。

1. 视频信息中的冗余数据

空间冗余是静态图像中存在的最主要的一种数据冗余。图像中同一景物表面上采样点的颜色之间通常存在着空间相关性，相邻各点的取值往往相近或者相同，这就是空间冗余。例如，图像中有一片连续的区域，这个区域的像素都是相同的颜色，那么空间冗余就产生了。利用空间数据冗余进行的压缩也称为帧内压缩。

时间冗余是运动图像（视频、动画）和音频数据中经常存在的一种数据冗余。图像序列中两幅相邻的图像，后一幅图像与前一幅图像之间在内容上具有高度相关性，这称为时间冗余。利用这种前后图像内容上的延续性进行的压缩也被称为帧间压缩。

视觉冗余是根据人眼的视觉特性而言的。人类的视觉系统并不能对图像画面的任何变化都能感知到，一般人类视觉系统的分辨能力约为26灰度等级，而图像量化采用28

灰度等级。通常情况下，人类视觉系统的特点是对亮度变化敏感，而对色度的变化相对不敏感；对物体边缘敏感，而对内部区域相对不敏感；对整体结构敏感，而对内部细节相对不敏感。因此，那些太亮太暗的数据、色度变化不大的数据往往是人眼看不到的或者分辨不出的，被人眼视为多余的，这就是视觉冗余。

2. 视频信息的压缩编码

视频信息中存在的大量冗余数据使得视频信息的压缩成为可能。目前常用的视频信息压缩编码标准主要有 JPEG/M-JPEG、H26X 系列和 MPEG 系列等。

JPEG 编码标准在视频信息的压缩中是一种标准的帧内压缩编码方式。

H26X 系列由国际电传视讯联盟（ITU）主导，侧重网络传输的视频编码。最初的 H.261 主要应用在可视电话和视频会议领域，适合记录静止图像，对剧烈运动的图像记录质量较差；H.263 在 H.261 基础上扩展带宽利用率，实现对全运动视频的记录；目前应用较普遍的 H.264 编码将运动图像压缩技术提升到一个更高的阶段，具有高压缩比、高图像质量、良好的网络适应性等优点，实现了在较低带宽上提供高质量的图像传输。随着视频摄录像技术的进步，人们对视频清晰度的要求不断提高，新的压缩编码 H.265 应运而生，它采用更先进的算法来提高压缩比、节约带宽和存储空间，可以 H.264 近 2 倍的传输速度传送普通高清音视频。

MPEG（Moving Picture Experts Group）是 1988 年成立的运动图像专家组的简称，负责数字视频、音频和其他媒体的压缩、解压缩、处理和表示等国际技术标准的制定工作。MPEG 视频编码系列中有 MPEG-1，MPEG-2，MPEG-4，MPEG-7，MPEG-21 等，其中 MPEG-1 只能针对动作不激烈的视频信号获得好的图像质量，没有得到广泛应用；MPEG-2 增加了对多声道的音频编码，但整体压缩率比较低，不适合网络应用；目前应用最广泛的是 MPEG-4，它是专为移动通信设备在互联网上实时传输视音频信号而制定的低速率、高压缩比的视音频编码标准；MPEG-7 是为互联网视频检索制定的编码标准；MPEG-21 为多媒体传输和使用定义一个标准化的开放框架，为不同的网络用户提供透明的可不断发展的多媒体资源。

5.1.4　数字视频文件存储格式

数字视频文件的存储格式取决于视频的压缩编码方式，而随着网络的发展，适用于网络应用的流视频格式应运而生。所以数字视频格式一般分为影像格式和流视频格式两种。通过互联网观看影像格式的视频，必须先将视频资源完全下载到本地计算机上再播放，用户需要等待较长时间而且占用用户计算机一定的存储空间。而流格式视频使用流媒体传输技术，无须下载全部资源，从服务器上下载一小部分数据，放入视频流缓冲区后即开始实时播放；缓冲区中播放过的视频将被舍弃，后面的视频内容陆续进入缓冲区后再播放，从而实现边下载边播放。下面对目前常见的视频文件格式进行简单介绍。

1. MPEG 系列

MPEG 系列包括 MPEG 视频、MPEG 音频和 MPEG 系统（视频、音频同步）三部分。MPEG 视频又包括 MPEG-1，MPEG-2，MPEG-4 三个主要的压缩标准。其中 MPEG-1 标准主要用于 VCD 的制作，文件扩展名有.mpg，.mpe，.mpeg，.m1v，以及 VCD 光盘中的.dat 等。MPEG-2 标准则用于 DVD 的制作，以及一些 HDTV（高清晰电视广播）和有较高要求的视频编辑场合，常见的文件扩展名有.mpg，.mpe，.mpeg，.m2v，以及 DVD 光盘中的.vob 等。而 MPEG-4 标准是为了播放流式媒体的高质量视频而专门设计的，它可根据现有带宽，通过特殊技术压缩和传输数据，以最少的数据获得最佳的图像质量，还具备交互性和版权保护等特殊功能。其主要用于在线视频、语音发送（视频电话）及电视广播等场合。采用 MPEG-4 标准进行编码的文件格式有.avi，.divx，.mov，.ast，.mp4 等。

2. AVI，DV

AVI（audio vido ietevede，音频视频交错）格式是由微软公司开发的，是传统的 Windows 系统通用视频格式。AVI 格式兼容性好、调用方便、图像质量好，根据不同的应用要求，可以调整分辨率；大多数播放器都能播放，在视频领域是应用最广泛、应用时间最久的格式之一。

DV（digital video）格式是由索尼、松下、JVC 等多家厂商联合推出的一种家用数字视频格式，目前常用的数码摄像机就是使用这种格式记录视频数据的。它可以通过 IEEE1394 端口传输视频数据到计算机，也可以将计算机中编辑好的视频数据回录到摄像机中。这种视频格式的文件扩展名一般是.avi，所以又称 DV-AVI 格式。

3. ASF，WMV

ASF（advanced streaming format）是微软较早推出的一种流视频格式，可以使用 Windows Media Player 进行播放。WMV（Windows Media Video）格式由 ASF 升级延伸而来，也是微软推出的一种采用独立编码方式且可以直接在网上实时观看视频节目的文件压缩格式。WMV 格式的主要优点有本地或网络回放、可扩充的媒体类型、多语言支持、环境独立性、版权保护等。

4. MOV

MOV（movie digital video technology，电影数字视频技术）格式即 QuickTime 影片格式。它是苹果公司开发的一种视音频文件格式，默认播放器是苹果公司的 QuickTime。该格式视频具有较高的压缩比、较完美的视频清晰度等优点，同时以领先的多媒体技术和跨平台特性、较小的存储空间要求、技术细节的独立性及系统的高度开放性得到业界的广泛认可，目前已成为数字媒体领域事实上的工业标准。

5. M4V

M4V 格式是苹果公司开发的一种标准视频文件格式，应用于视频点播网站和各类移动设备（iPad，iPhone，PlayStation Portable 等）上。此格式基于 MPEG-4 编码第二版，是 MP4 格式的一种特殊类型，其后缀常为.mp4 或.m4v。其视频编码采用 H.264 编码，音频编码采用 AAC。相比于其他格式，它能够以更小的体积实现更高的清晰度。

6. FLV

FLV（flash video）格式是随着 Flash MX 的推出而开发出的一种流媒体视频格式。FLV 文件体积小巧，1 min 清晰的 FLV 视频大小为 1 MB 左右，一部电影在 100 MB 左右，是普通视频文件体积的 1/3。其 CPU 占有率低、视频质量良好，曾经在网络上非常流行。

7. F4V

F4V 是 Adobe 公司为了迎接高清时代而推出的支持 H.264 的流媒体格式。作为一种更小、更清晰、更利于在网络上传播的格式，F4V 正逐渐取代传统的 FLV 格式。FLV 格式采用的是 H.263 编码，而 F4V 则支持 H.264 编码的高清晰视频。F4V 格式的视频的清晰度明显比用 H.263 编码的 FLV 格式视频的清晰度好。

8. RM，RMVB

RM（real media）格式是 Real Networks 公司开发的一种流式视频文件格式，主要用于低速率广域网上视频影像的传输。它可以根据不同的网络传输速率采用不同的压缩比，从而实现影像数据的实时传送和实时播放。

RMVB 格式是由 RM 视频格式升级延伸出的新视频格式，不仅具备 RM 格式的特点，还能根据影像内容智能调整编码速率，使文件品质更高、容量更小；还有内置字幕和无须外挂插件支持等优点。

9. 3GP

3GP（3rd generation partnership project，第三代合作伙伴项目计划）格式是一种 3G 流媒体的视频编码格式，主要是为配合 3G 移动通信网络的高传输速度而开发的，也是手机中最常用的一种视频文件格式。其文件体积小，移动性强，适合移动设备使用。目前大部分支持视频拍摄的移动设备都支持 3GP 格式的视频。

目前流行的视频网站如优酷、搜狐等高清频道下载的视频文件格式多为 FLV，F4V，MP4，M4V 等。

5.1.5　数字视频格式的转换

视频文件格式众多，且出自不同企业、研究机构或组织。不同格式的视频文件编码方式也不同，这给视频的播放和编辑带来不便。当发现所安装的播放器无法播放某种格式的视频文件时，可以通过视频编辑软件将某种格式的视频文件另存为其他格式的视频文件，也可以使用视频格式转换工具直接将不兼容的视频格式转换为自己需要的视频格式。

常见的可用于视频格式转换的工具有格式工厂、会声会影、Windows Movie Maker、魔影工厂等。在众多视频格式转换工具中，格式工厂是一款免费的、应用最广泛的多媒体格式转换软件。它支持各种数字视频格式和各种手机视频格式的转换，在转换过程中还可以修复某些意外损坏的视频文件。它的使用也很简单，只需要添加文件、选项设置、输出配置三个简单步骤，就可以轻松完成视频格式的转换。下面简单介绍格式工厂软件的使用。

1. 基本界面

格式工厂软件安装之后，可以通过开始菜单找到并单击运行，如图5-1-5所示。启动之后显示如图5-1-6所示的初始界面。

图5-1-5　启动格式工厂

图5-1-6　格式工厂初始界面

2. 格式转换

格式工厂使用非常简单，按照下面的步骤操作，如图5-1-7所示。

（1）从左侧窗格中选择想要转换的目标格式。

（2）在弹出的对话框中，单击"添加文件"或"添加文件夹"按钮，选择需要转换的源文件。

（3）单击"确定"按钮。

（4）单击"开始"按钮，开始转换格式，直到系统提示转换完成。

图5-1-7　格式转换步骤

3. 输出配置与视频截取

在添加了文件或文件夹之后，如果单击"输出配置"按钮，可以打开"视频设置"对话框，如图5-1-8所示。可以对视频输出格式的各项参数如视频音频编码标准、音频采样频率声道数、字幕类型等进行设置。如果选中文件列表框中的某个视频文件，再单击"选项"按钮或者"截取片断按钮"打开"截取片断"对话框，可对视频音频进行片断截取的操作，如图5-1-9所示。

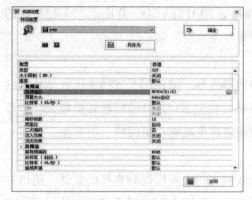

图5-1-8　输出配置　　　　　　　　　　图5-1-9　视频截取

5.1.6　视频播放工具

数字视频文件格式众多，压缩编码方式各不相同，因此需要使用相应的解码器进行解码播放。视频解码器有硬件解码器，如DVD影碟机、蓝光影碟机、数字机顶盒、数字高清播放机等，也有软件解码器，即各类视频播放工具，如适用于Windows操作系统的Windows Media Player，适用于Mac OS苹果操作系统的QuickTime，还有适用于网络视频的Real Player和免费的KMPlayer及爱奇艺等众多视频播放工具。解码播放器的核心是支持的视频格式的多少，格式越多功能越强。可以安装"万能视频解码器"来增强视频播放器的多格式支持能力。下面简单介绍一些常用的视频播放工具。

1. Windows Media Player

Windows Media Player简称WMP，是微软公司出品的一款免费的播放器，是Windows操作系统的一个组件，能播放.mpg，.mpeg，.mp2，.avi，.wmv，.asf等格式的视频、音频文件，还可以通过插件增强视频音频解码功能。

2. Apple QuickTime

Apple QuickTime播放工具支持多种数字视频文件的播放。对音频的播放，除了MP3等波形音频外，还支持MIDI音频的播放；能支持主要的图像格式，如JPEG，BMP，PICT，PNG，GIP等。它可以收听和收看网络播放视频、音频。

3. 迅雷影音

迅雷影音是迅雷公司出品的一款媒体播放器。迅雷影音是迅雷看看播放器的升级版，是在迅雷看看播放器的基础上，在界面、交互上进行了改进，加入了很多迅雷看看播放器没有的新功能，如播放记录云同步、云收藏、云空间列表等，配合迅雷影音Android、迅雷影音TV、迅雷影音iOS版，实现多屏同步、多屏互动，并且在视频格式上基本上支持所有格式的视频文件的播放，这样比较方便用户使用。

4. KMPlayer

KMPlayer是一个将网络上所有解码程序全部集于一身的影音播放软件，有了它就能够顺利观赏所有特殊格式的影片。它还能够播放DVD与VCD，并能汇入多种格式的外挂字幕，支持多种影片效果调整选项，功能非常强大。

5. 搜狐影音

搜狐影音是搜狐视频推出的一款全新体验的播放器。搜狐影音支持主流媒体格式的视频、音频文件，可以实现本地播放和在线点播。独创2D与3D的轻松转换模式，全新的加速模式，结合丰富的在线视频内容，让视频观看更高速、更便捷、更有趣。

6. 腾讯视频

腾讯视频是由腾讯公司开发的用于通过互联网进行大规模视频直播的软件。腾讯视频采用了先进的P2P流媒体播放技术，可以确保在大量用户同时观看节目的情况下，节目依然流畅清晰；同时具有很强的防火墙穿透能力，为用户在各种网络环境下收看流畅的视频节目提供了有力保障；而且所有流媒体数据均存放在内存中，避免了频繁地直接访问硬盘数据而导致的硬盘损坏。

5.1.7 习题与实践

1. 简答题

（1）获取数字视频的方法有哪些？

（2）数字视频信息中存在哪几类冗余数据？

（3）有哪些常用的视频信息压缩编码标准？

（4）列举常见的视频文件格式及其特点。

（5）列举常用的视频播放工具。

2. 实践题

（1）学习使用Windows Media Player和迅雷影音播放软件，观看"配套资源\第5章"文件夹中的图片、音乐和视频内容。

（2）学习使用格式工厂软件，将"配套资源/第5章"文件夹中.mp4格式的视频素材转换为其他格式（如.wmv格式、.swf格式）。

5.2　视频编辑

视频信息的编辑处理包括视频素材的导入、剪辑、合成、叠加、转换、特效、滤镜、配音等。视频信息的编辑方法分为两大类：线性编辑和非线性编辑（简称非编）。线性编辑是一种早期的传统视频编辑方式，以原始录像带为编辑素材，在视频编辑机上对录像带素材进行编辑，费时费力，而且录像带上的模拟视频信息经过多次反复处理后，画面质量会严重受损，目前已经很少使用。非线性编辑是在计算机技术的支持下，使用合适的编辑软件，对数字视频素材在"时间线"上进行任意修改、剪接、渲染、特效等处理，画面质量不会受损，存储格式也可以任意选择。

5.2.1　视频编辑软件简介

视频编辑软件种类繁多，Windows Movie Maker、爱美刻、爱剪辑、快剪辑、会声会影、Vegas 等工具比较适合零基础、没有任何视频制作经验的人使用，Adobe Premiere，Adobe After Effects，Ulead Video Studio 等工具则适合比较专业的人使用。下面简单介绍几类常用的视频编辑软件。

1. 家用级视频编辑工具

（1）Windows Movie Maker。

Windows Movie Maker 是 Windows 系统附带的一个视频剪辑小软件。其功能比较简单，可以组合镜头、声音，加入镜头切换的特效，只要将镜头片段拖入就行，支持添加标题、字幕、分割、录制旁白等，提供了多种动画及视觉特效，很适合家用摄像后的一些小规模的视频处理。

（2）爱剪辑。

爱剪辑是一款大众娱乐级的免费视频剪辑软件，提供了非常多的 MTV 字幕、转场、文字相框、贴图特效，可制作卡拉 OK 文字跟唱特效。它能够满足各种常用剪辑需求，又能快速学会，可用来剪辑网上流行的短视频或者生活纪念用途的视频。这款软件近年来非常流行，用它制作的视频遍布各大视频网站。

（3）爱美刻。

爱美刻是一款免费在线视频制作软件，用户只要登录网站，选择一款视频模板（如生日、婚礼等）上传自己的照片和视频就可以制作。其模板效果很专业，简单易用。

（4）快剪辑。

快剪辑是一款由 360 公司出品的免费视频剪辑软件。其界面设计非常简洁、易理解，提供基本的视频编辑功能，如裁剪、添加字幕、马赛克等，制作完成后，可分享至爱奇艺、今日头条等，结合360安全浏览器，可以轻松录制网络上的视频。

2. 准专业级视频编辑工具

对于有一定视频制作基础的人来说，可以选择会声会影、Vegas工具进行视频编辑。它们有一个共同的特点，就是将专业视频编辑软件中的许多复杂操作简化为几个简单的功能模块，使整个软件界面清晰简洁，用户只需按照软件向导式的菜单顺序操作，便可轻松完成从视频采集、编辑直到输出的一系列复杂过程。用这些软件可以制作出许多非常专业化的视频特效。

（1）会声会影（Video Studio）。

会声会影是一套专为个人及家庭所设计的影片剪辑软件。它不仅符合家庭或个人所需的影片剪辑功能，甚至可以挑战专业级的影片剪辑软件；适合普通大众使用，操作简单易懂，具有制作向导模式，界面简洁明快，功能丰富。该软件具有图像抓取和编修功能，可以抓取、转换多种影像格式的文件和实时记录抓取画面文件，支持各类编码，具有成批转换功能与捕获格式完整的特点，提供有超过100多种的编制功能与效果，可导出多种常见的视频格式，甚至可以直接制作成DVD和VCD光盘。

（2）Vegas。

Vegas是一款操作简单而功能全面的视频剪辑软件，它整合了影像编辑和声音编辑。其对音频可设置自动交叉、淡入淡出等多种效果，并且预设有许多精美视频特效。强大的视频剪辑、精确的音频控制和简易的操作，使Vegas成为一款简化而高效的视音频编辑工具。不论是专业人士或是新手用户，都可因其简易的操作而轻松学会。

3. 专业级视频编辑工具

对于学习能力强的专业级用户，Adobe Premiere和After Effect则会更有吸引力。这些软件功能更强大，能够满足特殊的需求，灵活性也比较强。

（1）Adobe Premiere。

Adobe Premiere是一款目前比较流行的非线性视频编辑软件，由Adobe公司推出，是数码视频编辑的强大工具，有较好的兼容性，且可以与Adobe公司推出的其他软件相互协作。Adobe Premiere广泛应用于广告制作、电视节目制作、电影剪辑等领域。它提供了采集、剪辑、调色、美化音频、字幕添加、输出、DVD刻录的一整套流程，可以完成在编辑、制作、工作流上遇到的所有挑战，满足创建高质量作品的要求。Adobe Premiere是一款侧重于剪辑的软件，用于视频段落的组合和拼接，并提供一定的特效与调色功能，编辑界面如图5-2-1所示。目前常用版本有CS4，CS5，CS6，CC。配合After Effect还可以做出令人满意的特效。

Premiere导出的文件巨大，需配套使用视频压缩软件，同时导出时间很长，占用内存较大。

图 5-2-1　Premiere 剪辑界面

（2）Adobe After Effects。

Adobe After Effects（简称 AE）是 Adobe 公司推出的一款视频剪辑及设计软件，适用于制作动态影像设计，是视频后期合成处理的专业非线性编辑软件。After Effects 应用范围广泛，涵盖影片、电影、广告、多媒体及网页等，很多电脑游戏都使用它进行合成制作。这款软件有很多第三方创作的模板，以及数百种预设的效果和动画，仅需替换里面的照片或视频即可做成炫酷的后期效果。After Effect 特效编辑界面如图 5-2-2 所示。

图 5-2-2　After Effect 特效编辑界面

4. 智能手机上的视频编辑工具

随着技术进步，智能手机的视频录制效果也越来越好，人们需要在自拍以后利用手机进行简单的视频编辑。以下是常用的手机视频制作软件。

（1）美摄。

自带美颜的视频拍摄剪辑软件，可以给视频加字幕或者加配音，拍摄制作不限时长。

（2）VideoStitch。

视频拼接大师，视频和图片拼接神器，可以把照片和视频按照喜欢的方式组合。

（3）视频剪辑大师。

可进行视频编辑、剪辑和分割。

（4）电影精灵。

视频编辑和电影制作软件，导演、制片、主演……这些角色可以由一个人承担。

（5）抖音。

音乐创意短视频软件，全网首创音乐滤镜，声音算法赋予视频新创意。

（6）小影。

短视频拍摄制作App，视频剪辑功能比较强大，可以加滤镜拼接、调速及特效镜头。

（7）轻松抠图。

背景擦除软件，最方便的抠图、修图神器，可与影视制作软件完美搭配。

5.2.2　数字视频的编辑处理

想要编辑和制作数字视频，首先要准备好视频素材。素材可以使用数字录像设备拍摄后获得，也可以从一些共享视频网站上获取，还可以利用360浏览器的"边播边录"功能获取。然后选择一款自己常用的视频编辑软件，用该视频编辑软件对素材进行编辑处理，包括对素材进行调速、裁剪、分割、静音、删除、分离音轨、叠加、设置滤镜效果等常用操作；还包括制作片头、片尾字幕及镜头间的转场特效等。最后还需要将编辑好的视频导出成常用的视频文件，也可以进一步上传到网上，这样，所制作的视频就可以分享给大家欣赏了。

本部分以360安全浏览器录屏模块和"快剪辑"视频编辑工具的使用为例，介绍数字视频信息处理的一般方法和过程。

1. 准备素材

（1）通过录屏获取素材。

打开360安全浏览器，访问任意视频网站并播放视频，鼠标移动至视频播放器上时，右上角会出现浮动工具条，如图5-2-3所示。

图5-2-3　浮动工具条

单击"边播边录"按钮，即可进入录屏界面，如图5-2-4所示，单击工具条中间的红色大按钮便可开始录制。

图5-2-4　视频录制界面

工具栏右侧显示当前录制时长、已录制视频大小、CPU占用率、帧率、码率和分辨率级别。工具栏左侧可选超清（1080 P）、高清（720 P）、标清（480 P）三种录制标准，当检测到电脑配置较低时会提示可能卡顿，对配置过低的会禁用超清录制并默认选择标清录制。单击区域录制模式可以拖曳鼠标指针选取录屏区域，并单击"完成"后录制区域内画面。区域右上角随录制状态切换提示"准备录制"或"录制中"。录制时长最长支持30 min。

如果看不到"边录边播"按钮，可以修改浏览器的设置。单击360安全浏览器"工具"菜单中齿轮状的"设置"命令按钮，进入浏览器设置界面，如图5-2-5所示。在左侧选择"界面设置"分类，勾选"在视频右上角显示工具栏"即可。

图5-2-5　360浏览器"界面设置"

录屏文件默认保存在360安全浏览器中最后一次下载文件所选择的保存文件夹中。单击360浏览器"工具"菜单中齿轮状的"设置"按钮，也可以对下载文件保存位置进行修改，如图5-2-6所示。

图5-2-6　360浏览器"基本设置"

完成录制后，单击红色按钮停止录制，将自动启动"快剪辑"软件，进入素材编辑界面，如图5-2-7所示。对于录好的视频，可以直接保存导出；也可以进行各种剪辑以后，再保存导出。

可通过以下三种方式启动"快剪辑"：安装后双击桌面上"快剪辑"快捷方式；前述录屏过程结束后自动启动"快剪辑"；单击360安全浏览器工具栏中的"快剪辑"按钮图标。

图5-2-7　"快剪辑"素材编辑页面

（2）通过手机拍摄获取素材。

手机拍摄的视频素材也可以导入"快剪辑"中使用。如果用手机拍摄的视频画面需要旋转，可以先单击"快剪辑"欢迎页右上角的"视频旋转"按钮，添加视频后可以选择顺时针90°、逆时针90°和180°的视频旋转，如图5-2-8所示。

图 5-2-8　视频旋转

（3）其他途径获取素材。

除了通过录屏和手机获得视频素材外，还可以将其他数字设备拍摄的视频或图像素材、本地计算机上已有的各类素材，以及网络上共享的视频、音频和图像素材导入视频编辑软件中使用。使用网上多媒体素材时一定要具有版权意识，不得随意下载或使用有版权标识的素材用于商业目的，以避免侵权行为的发生。

2. 新建视频项目文件

"快剪辑"软件安装之后，可以通过"开始"菜单找到并单击运行，如图5-2-9所示。启动之后，单击"新建视频"按钮，显示如图5-2-10所示的选择工作模式界面。

图 5-2-9　启动"快剪辑"　　　　图 5-2-10　选择工作模式界面

单击"专业模式"按钮，进入"快剪辑"初始编辑界面，如图5-2-11所示。界面中有预览区、素材区和时间线区。

图 5-2-11 "快剪辑"初始界面

视频编辑往往会涉及大量多媒体素材，为了便于管理，视频编辑软件通常都会采用项目管理的方式。项目文件中会记录素材文件所在位置、文件名等信息，以及最后一次保存的视频文件的各种信息等。"快剪辑"的项目文件扩展名为.qme。项目文件默认保存位置在"C:/Users/ibml/AppData/Roaming/QuickMediaEditor/User Data/MyProjects"文件夹中。单击"新建项目"可以新建一个空白项目文件；单击"我的项目"则可以编辑已有项目文件或者重新导出、发布视频文件。

3. 在新项目文件中添加素材

在进行视频剪辑之前，通常已经根据设想进行了视频拍摄或者素材选择，随之要进行的是视频剪辑片段在时间轴上的安排。在"快剪辑"素材区可以添加和管理各种来源的素材，添加后视频素材默认进入时间线，并按添加顺序排列。可以通过拖曳将已添加的图像素材添加到时间线上，被拖曳的素材会插入至红色滑块位置。当鼠标指针移动到素材区中的素材上时，素材右上角会出现"+"和"🗑"按钮，单击"+"按钮，在当前时间线最后位置新增一个素材拷贝，单击按钮"🗑"则直接删除该素材。图 5-2-12 所示为"快剪辑"专业模式下添加了素材后的编辑界面。

图 5-2-12 "快剪辑"编辑主页面

（1）添加本地素材。

单击"本地视频"或"本地图片"按钮，可以添加本地素材。"快剪辑"支持的视音频格式有 AVI，MPG，WMA，MP4，WMV，RMVB，FLV，MOV，DV 等，支持的图片格式有 JPG，PNG，BMP，GIF 等，添加图像素材后，静止图像默认持续时间为 2 s。

（2）添加网络素材。

单击"网络视频"按钮，在打开的对话框中粘贴或输入视频播放地址，单击"获取"按钮，即启动 360 浏览器进行录屏。单击"网络图片"按钮，在打开的对话框中输入搜索关键词或者图片地址，单击"获取"按钮，即启动 360 浏览器获取图片。选中所需图片，另存为本地图片后再添加到"快剪辑"中。

4. 编辑处理

使用"快剪辑"工具对各类多媒体素材进行再加工，包括对视频和图像素材的编辑、字幕的添加、转场特效的添加、音频的编辑、音效的添加、视频结果的导出和保存等。

（1）视频剪辑的基本编辑。

在视频编辑软件主界面的预览窗口中，可以播放、暂停、显示播放时长/总时长、全屏播放视频；在时间线区中，可以对选定的素材进行改变时长、分割、移动、删除、调速等操作；对于有音频的视频，可以设置静音，也可以将音频与视频分离，以便分别单独进行编辑。

双击视频时间轴上的素材，或者选定时间轴上的素材后单击笔状编辑按钮，打开

"编辑视频片段"对话框，如图5-2-13所示，可以对视频进行剪裁、贴图、标记、二维码和马赛克等设置。在快速模式下，还增加了动画和特效字幕，可以在动画里面设置淡入、淡出效果，如图5-2-14所示。

图5-2-13 "编辑视频片段"对话框

图5-2-14 快速模式下"编辑视频片段"对话框

最基本的视频编辑方法包括裁剪、贴图、标记和马赛克。

裁剪：通过拖曳鼠标可以绘制剪裁区域，默认的剪裁比例为16：9，还可以选择9：16，4：3，3：4，1：1，以及自由裁剪等方式进行裁剪。

贴图："快剪辑"自带很多贴图，如图5-2-15所示。有推荐、文字、装饰、萌图、标注、动物、花、节日、画饰、闪光、头饰、表情、人物、兔子、耳饰等类别，每个分类还有很多不同贴图。单击加号可以在视频上添加自己喜欢的贴图，添加后可以在下方时间轨道上拖动滑块设置贴图出现的起始时间和持续时间，或者直接在旁边输入起始时间和持续时间。

图5-2-15　贴图界面

标记：可以在画面上做标记，起到强调的作用。通过拖曳鼠标来改变标记区域大小（也可绘制多个标记），目前支持矩形、圆形、箭头等形状，默认为矩形。还可以设置标记的颜色、不透明度、线条粗细、标记的起始时间和持续时间等。

马赛克：在剪辑视频时，如果需要模糊处理画面上的某些信息（如隐私、广告等）或者去水印，可以使用马赛克功能。在视频中拖曳鼠标选择需要打马赛克的地方，使用马赛克后会出现一块模糊的矩形区域，目前仅支持模糊样式。此外，还可以设置马赛克的起始时间和持续时间。

（2）添加音乐和音效。

"快剪辑"目前支持WAV，MP3，AAC，WMA等主流音频格式。视频、音乐和音效轨道左侧均有音量调节的小喇叭图标，单击后即可调整整轨音量。

如果需要将原视频静音，可以将原视频音量调整为零，也可以选中原视频后单击时间轴上方的"分离音轨"命令按钮，将原视频素材的视频、音频信息分离后置于各自的视频、音乐轨道，再对分离出来的音频信息进行删除。

"快剪辑"自带很多音效，有环境、动物、武器、人声、室内、交通、自然、科幻、卡通、机械等分类，每个分类还有很多不同的音效。也可以在视频上添加自己制作的音效。

（3）添加字幕特效。

"快剪辑"提供了很多种字幕，例如可编辑字体的字幕、多行字幕、滚动字幕、竖排字幕等。

当需要在视频画面上添加字幕时可以单击"添加字幕"选项卡，选择一种字幕模板，在"字幕设置"对话框中的文字编辑区内输入需要的文字，还可以设置字幕的出现时间和持续时间。

（4）添加转场特效。

当需要在两段视频之间添加转场效果时，可以单击"添加转场"选项卡，有溶解、向上下左右擦除、交融和向上下左右推入等特效供选择。单击一种转场特效右上角的加号或者将其拖曳到时间线上两段视频的连接处，可以添加转场效果；可根据需要调节转场时间的长短。

（5）添加抠图特效。

如果需要从视频画面中选取部分内容显示，可以选择"快剪辑"中提供的抠图特效。单击"添加抠图"选项卡，有武器、科幻、交通、人物、动物、恶搞和其他分类，每个分类都有多种抠图特效可以选择。单击右上角的加号，下载并添加到时间线上，弹出抠图设置对话框，可以设置抠图的位置、效果样式（抠图精度、抠图强度）及抠图特效的出现时间和持续时间。快剪辑中的抠图特效是一种背景透明的动画，可以很方便地嵌入视频中；也可以添加本地的绿幕素材或背景颜色差别较大的素材进行抠图，如图5-2-16所示。

图5-2-16　抠图特效

（6）添加滤镜特效。

单击"添加滤镜"选项卡，有电影、胶片、风景、人物和美食五类滤镜，每一类都有多种特效。单击右上角的加号，或者将其拖到时间轴上的视频剪辑或图像素材上，将添加滤镜效果。在弹出的滤镜设置对话框中，可以进行滤镜强度的设置。

5. 保存和导出

视频剪辑完成后，通过导出的方式保存为播放器可以直接播放的视频文件格式。在"快剪辑"中，导出前可以为视频添加特效片头和水印、填写视频信息和编辑视频封面，设置导出画面的大小和保存的文件格式。"快剪辑"默认导出的视频文件格式为MP4，默认的尺寸为720像素（"快剪辑"支持480像素、720像素、1080像素和保留原素材长宽比等多种方案），默认码率为1500 b/s，默认视频帧率为25 f/s，默认音频参数为44.1 kHz、128 kb/s。

在"快剪辑"中，编辑完成，单击"保存导出"后，进入导出设置界面，如图5-2-17所示。左侧为导出的文件设置，目前"快剪辑"支持导出视频、GIF、音频三种。右侧的"特效片头"选项卡，可以根据需要添加片头。"加水印"选项卡，可以选择是否加水印。可以用自己的logo图片，建议图片尺寸在500像素×500像素以内；也可以添加文字水印。视频文件导出到本地后，同时会自动生成一个PNG格式的图片文件，用于视频文件的封面。

图5-2-17　导出设置界面

导出完成后，打开视频文件所在文件夹查看其中内容。双击该视频文件则可以用默认播放器播放视频。

6. 上传分享

利用"快剪辑"完成视频编辑和导出后，系统会提示上传分享。先上传，后分享，如图5-5-18所示。"快剪辑"目前支持爱奇艺、今日头条、优酷、企鹅号、百家号、大鱼号、YouTube、微博等多家视频发布平台。当选择未绑定平台时，会跳转到相应平台的授权页面，授权后返回"快剪辑"。当选择已绑定平台时，则在下方列出可选择平台列表，并要求选择各个平台的分类。单击"一键分享"，可在"我的项目"中查看视频的发布状态。

图5-2-18　上传分享

如果需要对即将上传的视频进行封面的编辑，请在单击"开始导出"之后选择合适的封面，并填写上标题和简介信息，随后单击"下一步"。

> 【小贴士】这个封面不是本地文件的封面，是上传到相应平台时的封面；同理，这个"标题"也并非导出到本地视频文件的文件名称，而是上传到相应平台的视频标题。

编辑好的视频导出后，在视频分享页面选择推送到手机（手机已安装"快剪辑"App），登录手机版"快剪辑"，在"个人主页/收到视频"中可查看该视频并下载保存到本地相册。

5.2.3　习题与实践

1. 简答题

（1）常用的视频编辑软件有哪些？

（2）"快剪辑"视频编辑软件可以对视频剪辑添加哪些特效？

2. 实践题

（1）使用"配套资源/第5章"文件夹中的图片、音乐和视频素材，制作"美丽校园"微视频。启动"快剪辑"软件，单击"新建视频"按钮，再单击"专业模式"按钮。

【小贴士】若需要下载"快剪辑"软件，可以访问"快剪辑"官网（http://kuai.360.cn/home.html），下载"快剪辑"的独立安装包。为了保证使用体验的完整性，推荐同时访问 http://se.360.cn 下载360安全浏览器9.1beta版或以上版本。

① 导入图片、视频和音频素材。在"添加剪辑"选项卡中，分别单击"本地图片""本地视频"按钮，选择素材文件夹中的图片文件"SY5-1-1.jpg"、视频文件"SY5-1-2.mp4"。

在"添加音乐"选项卡中，单击"本地音乐"按钮，选择素材文件夹中的音频文件"SY5-1-3.mp3"。再单击音乐文件列表区域中"SY5-1-3.mp3"文件右边的"+"按钮，将该音乐添加到时间轴音乐轨道上。

添加上述素材后的"快剪辑"编辑界面如图5-2-19所示。

图5-2-19　添加素材后的"快剪辑"编辑页面

② 为图片添加字幕。选择时间轴中的图片素材，单击"添加字幕"选项卡，选择"VLOG"选项卡中的第一行第一列字幕样式。单击右上角的"+"按钮，添加字幕到时间轴上，同时弹出"字幕设置"对话框，如图5-2-20所示。

在"字幕设置"对话框的预览区中调整字幕位置。双击画面，输入文字"美丽校园"，点击在右侧"字幕样式"，效果选项卡中选择第一个，颜色选项卡中选择白色标题，字体选项卡中选择华文彩云。设置字幕的出现时间为0 s，持续时间为6 s。

单击"保存"按钮确认字幕添加，回到时间轴编辑页面。

图5-2-20　字幕设置对话框

【小贴士】如果以后要修改字幕内容，可以双击时间轴上的"T"文本标记，将再次打开"字幕设置"对话框，进行字幕的编辑修改。

③ 为图片和视频设置转场特效。选择时间轴中的图片素材，单击"添加转场"选项卡。移动鼠标到"向右擦除"效果的右上角，单击出现的"+"按钮，将该转场特效添加到图片素材上。用同样的方法为时间轴中的视频素材添加转场特效。

④ 保存电影。单击右下角的"保存导出"按钮，进入如图5-2-21所示的"导出设置"界面。选择保存目标文件夹。设置导出尺寸为"480P"、文件格式为"MP4"，其他选项参照图5-2-21设置。文件名为"SYJG5-1.mp4"。在"特效片头"选项卡中选择"无片头"，在"水印"选项卡中取消勾选"加图片水印"。单击右下角"开始导出"按钮，填写标题"美丽校园"，单击"下一步"按钮，直至导出完成。

图5-2-21　"导出设置"界面

（2）录制网上视频素材或者使用"配套资源/第5章"文件夹中的视频素材，制作"动物世界"微视频。

① 启动"快剪辑"软件，单击"新建项目"按钮，选择"专业模式"。

② 添加网络图片。启动360浏览器，选择"图片"，在输入框内输入搜索关键词"天鹅"，通过360图片搜索功能搜到"天鹅"图片。在需要的图片上右击，在弹出的快捷菜单中选择"图片另存为"命令，将所需图片保存到"配套资源/第5章"文件夹中。再用添加本地图片的方法添加到"快剪辑"中。

【小贴士】如果没有网络，可以使用"配套资源/第5章"中的图片素材"SY5-2-1.jpg"。

③ 录制网上视频素材。在360浏览器中，选择"视频"，在输入框内输入搜索关键词"自然的力量第一集"，单击"视频搜索"按钮。选择并播放搜索到的视频，移动鼠标至视频播放界面时，右上方会弹出水平工具条，如图

图5-2-22　屏幕录制

5-2-22所示。单击"边播边录"按钮（也可能是"录制小视频"，360浏览器版本不同会有微小差别），进入录屏界面。

当视频播放进度条到19′40″的位置时，单击红色的录制按钮，开始录制。播放到20′5″时，单击红色的停止按钮，停止录制。再单击"完成"按钮，将自动把录制的视频片段导入"快剪辑"素材区中。

【小贴士】如果没有网络，用添加本地视频的方法，将"SY5-2-2.mp4"添加到"快剪辑"中。

④ 选择时间轴视频轨道中的视频素材，将红色滑标拖至25′16″处，按下小剪刀形状的分割按钮对视频进行拆分。选中后半部分视频片段，右击鼠标，执行"删除"命令，删除这段视频的后半段，如图5-2-23所示。

图5-2-23　视频分割

⑤ 对视频进行贴图设置。双击时间轴视频轨道中的视频素材，打开"编辑视频片段"窗口，在视频的10′24″处，单击"贴图"按钮。在右侧"添加贴图"区域选择"文字"类别第一个"咔嚓"图案，拖曳该贴图到视频预览区合适位置，如图5-2-24所示。单击"完成"按钮确认贴图。

图5-2-24　添加贴图

⑥ 音频设置和音效添加。选择时间轴中的视频素材，右击鼠标，在弹出的快捷菜单中选择"静音"，将视频素材中的声音静音，以避免对背景音乐的干扰。

在"添加音效"选项卡中，单击"环境"类别中"溪水旁"音效右侧的加号，将其添加到音效轨；向左拖曳右侧音频滑块，使得音效长度与视频长度一致。

⑦ 添加抠图特效。在"添加抠图"选项卡中，选择"动物"类别，单击第一个"三角龙奔跑01"右上角的加号，将其添加到时间轴，并在弹出的"抠图设置"对话框中，设置出现时间为25′92″，持续时间为3′32″，如图5-2-25所示。单击"保存"按钮确认添加后返回编辑界面。

图5-2-25　抠图设置

⑧ 添加滤镜效果。选择时间轴中的图片素材，在"添加滤镜"选项卡中选择"星际穿越"滤镜。

⑨ 导出视频。单击"保存导出"按钮，在"导出设置"对话框中，设置文件类型为".mp4"，文件命名为"SYJG5-2.mp4"，文件尺寸为"720 P"。

选择"时尚"特效片头，标题为"动物世界"，创作者为"班级学号姓名"。

选择"加水印"选项卡，勾选"加图片水印"，单击"更换图片"按钮，选择"天鹅.jpg"做图片水印。勾选"文字水印"，输入文字"天鹅制作"。

单击"开始导出"按钮，打开"填写视频信息"窗口。左侧标题输入文字"动物世界"，简介输入文字"动物世界"。鼠标指向右侧视频封面下方的预览窗格，单击"使用视频画面"，打开"选择封面"窗口，选择第二种标题样式。标题输入"动物世界"，副标题输入"自然的力量"。单击"设置为封面"，完成封面设置，如图5-2-26所示。单击"下一步"按钮，导出视频。

图 5-2-26　封面设置

　　⑩ 上传分享。单击"上传"按钮，弹出上传进度框，上传完成后会打开"我的项目"，在"我的项目"中查看视频的发布状态。

　　【小贴士】分享之前，需要在360网站上注册。不准备上传分享的此步可省略。

5.3　综合练习

一、单选题

1. 使用_____设备可以获得数字视频。

　　A. 手机　　　　　　　　　　　　　　B. DV机

　　C. 3D摄像机　　　　　　　　　　　D. 以上都可以

2. 使用_____工具软件可以对数字视频进行编辑制作。

　　A. Windows Movie Maker　　　　　B. Adobe Premiere

　　C. Ulead Video Edit　　　　　　　D. 以上都可以

3. Windows Media Player 能播放的视频文件扩展名为_____

　　A. AVI　　　　　　B. ZIP　　　　　　C. TIF　　　　　　D. PCX

4. 下列编码标准中，_____不是视频编码标准。

　　A. MPEG-1　　　　B. MPEG-2　　　　C. MPEG-3　　　　D. MPEG-4

5. 下列编码标准中，_____是视频编码标准。

　　A. H.263　　　　　B. H.264　　　　　C. H.265　　　　　D. 以上都是

6. 下列文件格式中，_____格式的文件不是视频影像文件。

　　A. MOV　　　　　　B. AVI　　　　　　C. JPG　　　　　　D. MPG

7. 下列文件格式中，_____格式的文件属于视频影像文件。

A. MP4   B. MP3   C. MID   D. GIF

8. 下列文件格式中，_____格式的文件不属于流视频文件。

A. MP4   B. RM   C. MPEG   D. 3GP

二、填空题

1. 流畅的视频效果是依据人眼的_____特性产生的，当每秒有24幅图像连续播放时，人眼看到的就是连续变化的视频。

2. 人类视觉系统的分辨能力一般为26个灰度等级，而一般图像量化采用的是28个灰度级，这种冗余就称为_____冗余。

3. 连续播放的视频中包含大量的图像序列，相邻图像序列有着较大的相关性，内容差异微，存在大量的重复信息，这种冗余被称为_____冗余。

4. MPEG编码标准包括_____、MPEG音频、视频音频同步三大部分。

5. 非线性编辑是在计算机技术的支持下，充分利用合适的编辑软件，对视频素材在_____上任意进行修改、拼接、渲染、特效等处理。

三、综合实践

1. 在网上搜索以"保护环境"为主题的视频片段，录制屏幕作为素材使用，再使用"快剪辑"软件将录制的视频素材制作成一段环保主题的微视频，保存为"ZHJG5-3-1保护环境.mp4"。

操作提示：

（1）利用360浏览器搜索环保主题的网络视频，录屏30 s。

（2）使用"快剪辑"将其拆分为若干段，各片段间设置转场特效，并适当添加抠图特效。

（3）给拆分出的第1段视频添加文字描述"保护环境，人人有责"，时长为8 s。

（4）将影片保存为"ZHJG5-3-1保护环境.mp4"，分辨率为"640像素×480像素"（480 P），并上传分享。

2. 用手机拍摄视频，并利用"快剪辑"软件制作一段关于自己大学生活的微视频，保存为"ZHJG5-3-2大学生活.mp4"。

操作提示：

（1）用手机拍摄一段或几段自己大学生活的视频。

（2）在电脑或者手机上使用"快剪辑"软件对拍摄的视频进行编辑（添加滤镜、音乐、字幕、画质、马赛克、装饰、画中画等）。

（3）将影片保存为"ZHJG5-3-2大学生活.mp4"，并上传分享。

【小贴士】如果没有网络，可以使用"配套资源/第5章"中的视频素材和图片素材完成实践练习。

本章小结

第 6 章

数字媒体的集成与应用

项目简介

当下，信息传播的载体从简单的文字变成电信号，从纸质媒体变成有线或无线媒体；智能设备已经成为人们生活中重要的组成部分，信息的表达也随之有更多的形式。对图形、图像、声音、视频的处理是为了将它们更好地整合在一起，以多元化的形式表达人们的思想。本章主要介绍数字媒体多元化整合的方法及更多的表达形式和渠道。

项目分解

通过本章学习，要求达到以下目标。

（1）理解 HTML 是如何把各种数字媒体集成到网页中，并通过浏览器展示出来的。

（2）能通过 Dreamweaver 工具，制作出简单的多媒体网页。

（3）知道在创建网页之前建立站点的重要性。

（4）能使用表格和 DIV 进行网页的简单布局。

（5）能建立个人的微信公众号。

（6）对微信小程序有基本的认识和了解。

（7）能使用网上的数字媒体集成平台，完成跨平台数字媒体的发布。

6.1 互联网上的数字媒体应用

目前数字媒体在人们日常生活和工作中随处可见，网页微信、各种App、图像、音频、视频无处不在，各种网络购物平台和广告更是以高品质的画面和音频吸引大众的眼球。

6.1.1 网页中的数字媒体集成

互联网已经是人们获取信息的重要渠道，使用浏览器打开网页，除了基本的文本和链接之外，精美的图片、动画更是琳琅满目，通过网页观看视频影片也很常见。那么，网页中各种数字媒体是如何集成在一起的呢？

使用浏览器访问互联网上的信息是一件平常的事情，但在浏览器窗口中看到的包含各种数字化媒体的丰富多彩的网页是怎样存储和保存的呢？这可以利用浏览器中的"开发者工具"去查看，图6-1-1所示为在360浏览器中看到的百度主页，上方是页面显示效果，下方则是利用开发者工具中Elements选项页中看到的页面代码。在代码中，可以看到许多带< >的内容，这些是让浏览器识别的标记代码，这种用于表达网页的代码被称为HIML（hyper text markup language，超文本标记语言）。

图6-1-1 网页及其代码

【小贴士】在浏览器右上角单击，可以打开如图6-1-2所示的菜单，从中可以找到所需要的命令。

图6-1-2　浏览器菜单

在浏览器窗口中保存网页，观察资源管理器中的保存结果，可以看到除了扩展名为.html的网页文件［如图6-1-3（a）所示］之外，还有一个同主名的文件夹，该文件夹内有许多各种格式的文件，如图6-1-3（b）所示。

（a）

（b）

图6-1-3　保存网页

由此可见，网页中的HTML文件通过使用< >组成的标记，将.html网页文件中涉及的多图片等数字媒体文件、定义格式的.css文件、设置交互的.js脚本文件连接在一起，让浏览器能知道去哪里取什么文件进行怎样的展示。由此可见，网页中的数字媒体元素是单独以文件形式存放，并通过HTML标记集成到一个文件中。HTML是万维网联盟（W3C）于1993年发布的，至今已经发展到了5.0版本。

由于移动设备应用的日益广泛，HTML5通过提供一些新的元素和属性，以使所设计的网页能将文字、图片、动画、视频和音频集成在一起，并在除了计算机的浏览器之外的移动设备上显示。

6.1.2 HTML网页多媒体集成

网页是由HTML标记构成的文本文件，使用记事本就可以编辑。但到底有哪些标记？它们的含义是什么？对于初学者来说，使用记事本是无法完成稍微复杂一些的网页编辑的。这里使用网页制作工具Dreamweaver，通过可视化结合代码窗格的方法，了解最基本的HTML网页制作方法，认识基本的HTML标记，并使用相关标记完成网页的多媒体集成。

1. 创建和管理站点

由于网页中的各种多媒体元素以独立文件的形式存储在硬盘上，为了方便移动、复制和发布，在制作网页之前，可以先创建站点。站点对应着一个文件夹，这样便可以将相关文件都集中存放。接下来，以创建学校简介站点及相关网页为例，体验如何在网页中完成数字媒体集成。

例6-1： 创建myschoolsite站点，对应于school文件夹，并在站点中创建分别用于放置图片、视频、音频素材的images，video，audio等文件夹。

① 可以在资源管理器中将所需要的文件夹建好，并存入相应的素材文件（如图6-1-4所示）中，然后再创建网站。也可以只创建一个作为网站根文件夹的school文件夹，在创建网站之后，用管理站点的方法创建其中的其他文件夹。

图6-1-4 基本网站结构文件夹的建立

② 在完成站点根文件夹创建之后，启动Dreamweaver（本例使用的是C2018版）：执

行"站点/新建站点"命令，创建myschoolsite站点，如图6-1-5所示。

图6-1-5 在Dreamweaver中创建站点

③ 创建好站点之后，在Dreamweaver右侧的面板中，可以看到站点文件夹，其根文件夹对应的硬盘文件夹，以及其下方的各级文件夹。右击文件夹后，出现菜单命令，可用于建立该站点中的文件夹。

④ 关闭Dreamweaver窗口，再次打开时，会默认进入上次创建的站点。若需要打开其他站点，可以从显示站点名称的下拉列表中单击其他站点名称。

图6-1-6 创建后的站点

2. 创建主页和布局网页

主页是一个网站的封面，是网站中用户访问其他网页的入口，这个网页的文件名通常是"index.html"或"default.html"，以便服务器默认会优先显示它们。

例6-2： 在myshoolsite中创建如图6-1-7所示的主页，先创建带表格布局的主页"index.html"。

图6-1-7 创建带表格布局的主页

① 建立站点或打开站点之后，执行"文件/新建"命令，打开如图6-1-8所示的"新建文档"对话框，创建一个普通的HTML5网页文件，并将网页标题设置为"学校简介"。

图6-1-8 新建一个普通的HTML5网页文件

② 执行"文件/另存为"命令，将网页以"index.html"为文件名保存到网站根文件夹中。这时，Dreamweaver网页编辑页面如图6-1-9所示。

图6-1-9 Dreamweaver 网页编辑基本页面

【小贴士】图6-1-9所示为拆分界面的实时视图。这时，左上窗格中显示最终在浏览器中会看到的内容，左下窗格中显示HTML代码。可以单击实时视图右侧的三角，选择设计视图。这时，左上窗口便可以可视化方式进行编辑，输入文字，插入表格、图片、视频等各种数字媒体元素。

新建网页的页面内容是空的，但通过代码窗口，可以看到它还是对应着一些基本的代码：

<html></htmi>：告诉浏览器这是一个HTML文档。

<head></head>：表示这是文档的头部，这里的内容通常作为文档相关说明，不会直接显示在浏览器中。当前这个文件中，头部有两个标记，<meta charset="utf-8">标记和<title> </title>。<meta charset="utf-8">：通过对标记属性charset的定义说明了文档的编码是utf-8标准的；<title></title>：定义网页标题，将在浏览器标题栏上显示出来。

<body></body>：定义网页上的内容，当前是空的。

HTML的标记大部分首尾成对出现，可以嵌套表示，首标记中通过放置属性来设置相关具体内容的性质。

③将界面切换到设计视图之后，单击左上角窗Table口，使光标插入点出现在左上角，执行"插入/Table"命令，打开如图6-1-10所示的"Table"对话框。通过设置表格的行列数、宽度、边框粗细、单元格边距和单元格间距等，创建一个宽度为窗口90%、无边框线、单元格边距和间距都为0的3×4（3行4列）表格。

图6-1-10　Table对话框

④插入表格之后，将表格第一行所有单元格选定，右击并执行快捷菜单中的"合并单元格"命令，表格完成合并，此时界面如图6-1-11所示。

图6-1-11　插入表格且合并了单元格

从图6-1-11中可以看到表格相关的标签分别如下。

\<table>\</table>：定义了表格。

\<tr>\</tr>：定义了行。

\<td>\</td>：定义了行中的单元格。

\<tbody> \</tbody>：表格内的分组标记，方便对表格不同区域定义不同的格式，这是HTML5中才出现的标记。

标记中用等号赋值的是属性，这些属性在不同的标记中表达的范围不同，如width属性，在<table>标记中，表示对表格设置宽度；在<td>标记中，则表示对单元格设置宽度。通过修改等号后面的参数，观察网页效果的变化，可以掌握其功能，并积累设置经验。本例中其他相关属性的含义如下。

border：边框线粗细。

cellspacing：单元格间距。

cellpadding：单元格边距。

colspan：跨列数。

rowspan：跨行数。

 ：表示半角空格。

【小贴士】表格在网页中可以是实际显示内容的表格，但更多情况下，它是方便网页布局的工具。当作为布局页面使用时，通常将表格边框线宽度设置为0，以隐藏框线。

⑤ 根据最终网页内容的显示需要，可以通过右击插入、删除行和列，合并选定单元格，拆分单元格，最终使表格如图6-1-12所示。

图6-1-12 最终表格

【小贴士】除了表格可以用于布局网页之外，也可以使用DIV定位的方法设定对象需要插入网页的位置。

3. 网页中的各种元素

网页中可以插入文本、图像、动画、视频、音频等各种数字媒体元素。

例6-3：在index. html中添加标题、图片等元素，完成主页。

① 光标定位在表格第一行单元格中后，执行"插入/image"命令，将站点中image文件夹中的"logo.gif"图片插入，效果及对应HTML代码如图6-1-13所示。

图6-1-13　表格中插入图片

【小贴士】浏览器根据网页中<img src="/image/logo.gif">标记，来找到要插入的图片，并显示在浏览器中。

②分别在第二行的四个单元格中输入"学校简介、院系机构、学生风采、招生就业"，并分别选定文字后执行"插入/标题/标题（2）"命令，利用"属性"面板设置文字在单元格中居中，完成后显示如图6-1-14所示的界面和代码。

图6-1-14　插入文字并设置格式

【小贴士】文字内容可以设置为"标题1"至"标题6"的不同大小格式，分别对应着<H1>-<H6>标记。如果需要更改字体、文字大小、文字颜色，则需要创建CSS规则进行定义。

③在表格第三行左边单元格中，输入文字"闵行校区"，回车后插入网站"images"文件夹中的"library.jpg"图片，并使用"属性"面板将图片设置为"400像素×266像素"；在右边单元格中输入文字"中北校区"，回车后插入网站"images"文件夹中的"building.jpg"图片，大小与左边图片相一致。结果如图6-1-15所示。

图6-1-15 分段插入文字与图片

【小贴士】第三行的单元格中，文字与图片分两段，代码中可以看到<img>标记的外面套了<p></p>，表示独立的段落。

④ 在第四行合并后的单元格中，执行"插入/HTML/水平线"命令，插入一条水平线，并利用"属性"面板设置其为居中，可以看到代码中出现了<hr align= "center">的内容，与图片标记一样。水平线标记<hr>也是独立的标记，没有结束标记。

⑤ 按Tab键在表格中插入一行，新插入的行只有一个单元格。执行"插入/footer"命令，在最后一个单元格中插入footer 区域（设计视图中看不出变化，只有代码中出现了<footer></footer>标记，这是HTMLS的标记，表示定义页脚区域）。然后在该区域输入"版权所有"及版权符号。版权符号可以通过执行"插入/HTML/字符/版权"命令插入，插入后按Shift+Enter组合键换行，在第二行输入"联系我们"，将两行文字都设置居中，结果如图6-1-16所示。

图6-1-16 换行不分段插入文字

【小贴士】按Shift+Enter组合键换行但没有分段，对应的标记是\
，这也是一个独立的标记。

⑥ 将表格设置为在页面上居中，并为页面设置浅灰色（#CCCCCC）背景。单击表格左上角选定整个表格，在属性面板中设置align为居中，如图6-1-17所示；在表格外面单击后，在"属性"面板中单击"页面属性"按钮，打开如图6-1-18所示的对话框，设置网页背景色。设置后的页面及代码如图6-1-19所示。

图6-1-17　设置整个表格居中

图6-1-18　设置网页背景色

图6-1-19 设置网页背景色和表格居中后的代码

【小贴士】CSS（Cascading Style Sheets）为层叠样式表，是一种用来表现HTML等文件样式的计算机语言。它能够对网页中元素位置的排版进行像素级精确控制，支持几乎所有的字体字号样式，使浏览器按某种格式显示网页。使用CSS方式定义网页元素格式时，其格式设置代码可以直接或以链接外部CSS文件的方式出现在<head></head>标记组中间，格式定义的名称则出现在<body></body>组中进行应用。

⑦ 将网页上的学校logo图片背景设置为透明。选定logo图片后，在"属性"面板中单击"编辑图像设置"按钮，打开"图像优化"对话框，选定"透明度"复选框，如图6-1-20所示。保存网页后，可以在浏览器中看到如图6-1-7所示效果。

图6-1-20 将图片背景设置为透明

例6-4：制作带有背景图片和视频的实验校区网页"shiyan.html"，浏览效果如图6-1-21所示。

图6-1-21 带有视频的网页

① 新建网页后以"shiyan.html"为文件名保存在站点根文件夹中。然后单击"页面属性"按钮，打开如图6-1-22所示的对话框，设置网页标题为"中北校区"。网页标题将出现在代码的<title></title>标记中间。

图6-1-22 在"页面属性"对话框中设置网页标题

② 建立一个用于放置文本和视频的DIV区域，并通过CSS设置该区域中的文字字体为微软雅黑、24 px、加粗为400、normal字形。光标定位在网页左上角后，执行"插入/DIV"命令，打开"插入DIV"对话框，单击其中的"新建CSS规则"按钮，打开"新建CSS规则"对话框，在对话框中输入所新建的CSS规则选择器名称".nr"后单击"确定"按钮。这时打开所设置的对象的CSS规则定义对话框，可以定义该DIV区域对象的各种格式。完成CSS规则设置后，回到"插入DIV"对话框中，从Class下拉列表中，选

择刚才定义的选择器名称".nr"，并单击"确定"按钮。

图6-1-23 通过新建CSS规则为DIV区域设置格式

图6-1-24 设置DIV区域文字的格式

③ 在DIV区域中输入文本"实验校区历史悠久、景色优美"，并居中，完成后如图
6-1-25所示。

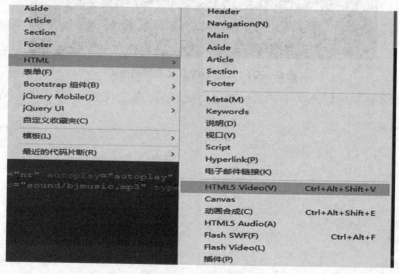

图6-1-25 在"页面属性"对话框中设置网页标题

④ 在文字下方段落中，插入网站videos文件夹中的"zb.mp4"。将视频设置为"800像素×450像素"大小，带有控件，若用户的浏览器无法播放视频，应给予"您的浏览器不支持视频播放"的提示。执行"插入/HTML/HTML5 Video（V）"命令（如图6-1-26所示），单击所插入的代表视频的对象，使用"属性"面板设置相关参数后，完成视频插入。图6-1-27 所示为对应的属性面板设置，以及插入后对应的代码，为了能在网页本地播放，可以将视频位置设置为相对路径：

<video width= *800 height= "450" title= "校园风景" controls controls><source src= "videos/zb.mp4" type ="video/mp4">

<p>您的浏览器不支持视频播放</p>

<video>

图6-1-26 插入视频

⑤保存文件后，在浏览器中打开"shiyan.html"后，便可以看到如图6-1-21所示的内容。单击视频控制上的按钮，可以播放、停止、控制音量、放大、全屏播放视频。

图6-1-27　设置视频属性

⑥单击DIV区域之外，然后在"属性"面板中单击"页面属性"按钮，打开"页面属性"对话框。选择"外观（CSS）"，单击"浏览"按钮找到站点中的背景图像"bj.jpg"，并将图像路径修改为相对路径，如图6-1-28所示。完成后保存网页，可以看到网页背景和代码的变化，如图6-1-29所示。

图6-1-28　在"页面属性"对话框中设置网页背景图像

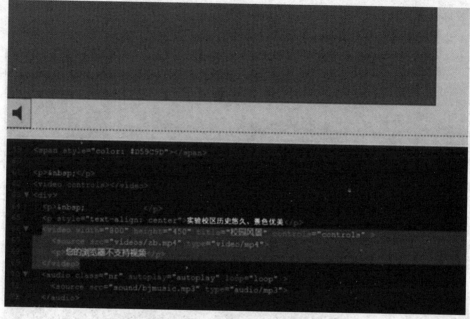

图6-1-29　设置了背景图片的网页背景和代码变化

例6-5：在首页上添加自动播放不带控制的背景音乐，并设置超链接，使单击中北校区图片后，能在新窗口中打开如图6-1-21所示的"shiyan.html"网页。

① 在Dreamweaver右边的"文件"面板中双击"index.html"主页文件，打开该文件的编辑窗口。

② 执行"插入/HTML/HTML5 Audio（A）"命令，插入音频对象，并在"属性"面板中选择音频文件和设置相关格式，如图6-1-30所示。

图6-1-30　设置背景音乐属性

完成后可以在代码窗口中看到如下代码，在浏览器中播放时便能听到背景音乐。

```
<audio autoplay=autoplay"loop="loop">

    <source src="sound/bjmusic.mp3"type="audio/mp3">

    <p>您的浏览器不支持音频播放</p>

<audio>
```

③ 网页上选定"中北校区"下方的图片，在"属性"面板的"链接"文本框中输入链接目标文件的名称，在"目标"下拉列表中，选择"_blank"，使链接目标的页面能在新窗口中打开显示，如图6-1-31所示。设置后可以看到代码区在图片标记的两边增加了<a href shiyan.html"target="_blank">和</a>。

图6-1-31 设置超级链接属性

④ 保存网页，并在浏览器中浏览。单击图片，应能打开第二个窗口看到实验校区网页。

4. HTML5简介

以上包含图像、音频、视频的网页是使用HTML5集成的，是HTML最新的修订版本，2014年10月由W3C完成标准制定，目标是取代1999年所制定的HTML4.01和XHTML1.0标准，以期能在互联网应用迅速发展的时代，使网络标准足以匹配当代的网络需求。

HTML5的设计目的是在移动设备上支持多媒体。该标准提供了一些新的元素和属性，区别于之前如<DIV>（块状元素）等的标签，新引入了一些语义化的标签，例如<nav>（导航）和<footer>（页脚）。这种标签有利于搜索引擎的索引整理、特殊显示屏设备和视障人士使用。语义化的同时为其他浏览要素提供了新的功能，通过一个标准接口，如<audio>（音频）、<video>（视频）、<canvas>（画布）标记，在JavaScript与CSS3的配合下可以在页面中显示2D，3D效果。另外，取消了一些冗余的HTML4.01标记，包括纯粹用作显示效果的标记，如<font>（字体样式）和<center>（居中），因为它们已经被CSS（样式表）取代。

6.1.3 习题与实践

1. 简答题

（1）网页中的图像视频等数字媒体素材与网页之间的关系是什么？

（2）在网页中，什么标记可以设置超级链接？

（3）HTML文件是一种什么性质的文件？

2. 实践题

（1）仿照本章所举例子，收集同学们学习、娱乐的照片和视频，完成学生风采网页的制作，具体要求如下：

① 网页标题为"学生风采"，文件名为"SYJG6-1-1.html"；

② 使用表格进行布局，至少安排3张不同活动的照片和1段1 min以内的视频；

③ 有对活动进行介绍的文字，并对文字设置合适的字体、大小、颜色；

④ 利用互联网搜索合适的背景图片；

⑤ 将本例中的主页"index.html"中的文字"学生风采"超级链接到"SYJG6-1-1.html"，并能在独立窗口中打开；

（2）自己设计和制作"院系机构"网页，介绍所在学校的部分院系特色，具体内容和形式自定。

6.2 移动终端中的数字媒体应用

随着移动网络速度的不断提高和移动终端的普及，各种移动App如雨后春笋，令人目不暇接。这些应用的功能、目标各异，但一般都会将图像声音、视频与文字整合在一起，给用户耳目一新的感觉，吸引用户使用。本部分将以微信公众号和微信小程序为例，介绍移动终端中的数字媒体应用。

6.2.1 微信公众号

微信用户或多或少会关注些微信公众号，每天也都会收到一些公众号推送的文章，公众号对于微信用户来说已经是再熟悉不过的了。通过公众号，可以注册某个品牌的会员，或是预定某个餐厅的座位，等等，可以说微信公众号的用途已经非常广泛。在用户众多的开放性移动社交平台上，微信公众号的出现不仅给用户带来了全新的体验，也给商家企业提供了新的内部管理方式及便捷高效的对外宣传方式。通过公众号，商家可通过图文及音、视频与目标群体进行全方位的互动。简单来说，微信公众号就是进行一对多的媒体性行为活动，形成了一种主流的线上线下微信互动营销方式。

1. 微信公众号的类型

微信公众号分为订阅号、服务号、企业微信。订阅号为媒体和个人提供一种新的信息传播方式，偏向于为用户传达资讯，每天只可以群发一条消息，适用于个人和组织。微信把订阅号归类到"订阅号"的一个栏目中，如图6-2-1所示。

服务号主要用于服务交互，提供服务查询的需求（类似银行等），每月可群发四条消息，如图6-2-2所示。服务号不适用于个人，多适用于一些大型企业。服务号推送的消息都是在好友列表里展现的，就是相当于接到了微信好友的消息，相比订阅号来说更加直观，用户体验度更好。

企业微信一般在企业内部使用，用于管理员工、通信等，一般不用来对外宣传推广,如图6-2-3所示。

如果想简单地发送消息,达到宣传效果,选择订阅号;如果想用公众号获得更多的功能,例如开通微信支付等,建议选择服务号;如果想用来管理内部企业员工、团队,对内使用,可选择申请企业微信。

图6-2-1 微信订阅号图(1) 图6-2-2 微信服务号图 图6-2-3 微信订阅号图(2)

2. 个人微信公众号的主题

在创建个人微信公众号之前,首先要选择主题。一般可以基于自己擅长的或是感兴趣的方面。如常见的公众号的主题主要有以下类型。

① 热点话题评论。例如对当下热门电影、社会事实等热点话题进行评论。不能人云亦云,要有自己独特的见解。

② 日常实用性推荐。例如美食推荐、商场优惠打折、旅行目的地推荐、热门游戏等日常衣食住行方面的推荐分享。

③ 情感、娱乐、文学类。推送些情感方面或者搞笑文章,或者自己撰写的连载小说等。

④ 行业分析。对自己特别擅长的某一专业领域,推送此行业前景分析、技术介绍等文章。

⑤ 学习考试类。针对学生、考研、考证等目标人样,分享一些考试经历、复习技巧等。

相对来说,主题②③的受众更广,在文章的撰写方面较容易,而主题①④则更专业化。公众号的主题当然不仅仅是以上五类,同学们可以为自己的公众号定位一个创新的、令人眼前一亮的主题。

主题确定后,便可以进行相关内容的建设,围绕主题内容进行组稿、编辑和发布。公众号的名字要直接反映主题、一目了然,这样才能最快地吸引相应的读者。

3. 注册登录微信公众号

微信公众号的运营者可以分为政府、媒体、企业、个人、其他组织等。创建一个公众号非常简单，只需拥有一个邮箱号和手机号。根据以下步骤，便可以创建属于自己的微信公众号。

在浏览器中输入网址"https://mp.weixin.qq.com"，或在手机微信上搜索微信公众平台。网页上的界面如图6-2-4所示，单击"立即注册"按钮可以进行注册，按步骤依次填写完成后，即可注册成功。

图6-2-4 微信公众号注册登录界面

完成注册后便可以登录微信公众号后台，建立自己的微信公众号内容。需要注意的是，为了账户安全，登录时系统会要求使用注册时的手机微信扫描系统所生成的二维码，然后才能正常登录。

在微信公众号后台，滚动左侧的菜单栏，可以看到微信提供了多种管理功能，包括消息管理、用户管理、媒体素材管理等，还有推广和数据统计分析的功能，见图6-2-5。

图6-2-5 微信公众号后台管理界面

4. 建立数字媒体页面

在管理平台左侧执行"素材管理"命令，右侧便可以看到素材管理相关界面。可以先单击"图片""语音""视频"，分别创建相关资源，然后使用"图文消息"选项卡，创建图文并茂的文档。

选择"视频"选项卡后,可以看到"添加"按钮,用于添加视频。单击后,出现视频上传及信息添加界面,这里将第5章制作好的校园风景视频片段上传进去。

在视频上传后,还需等待微信后台人员的审核,通过审核才能在图文内容中使用和发布。图6-2-6所示为视频上传后进入列表界面,从状态中可以看到当前视频处于转码、审核等阶段。

图6-2-6 微信公众号中上传视频列表

当图像、音频、视频等素材都准备好后,可以再次回到首页界面。单击"图文消息"按钮创建新的图文消息,可以添加图文并茂的内容,还可以在文章中添加视频、音频、投票,甚至微信小程序,如图6-2-7所示,也可以转载其他微信公众号中的文章。

图6-2-7 微信公众号中创建图文信息

当图文消息添加并保存后,会出现进行选择和裁剪封面的画面,如图6-2-8所示。设置封面后回到编辑界面进行留言管理。对于比较长的文章,还可以设置原创(此功能需要在使用微信公众号一段时间，上传素材文章到达一定数量后才会开通）。

完成封面等编辑后，单击"保存并群发"按钮，可以进入如图6-2-9所示的预览和群发界面。可以预览群发效果，并设置群发范围后进行群发。订阅号每天只允许群发一条消息。

图6-2-8　为图文信息添加封面

图6-2-9　图文信息的预览和群发界面

5. 页面模版

当公众号中消息与日俱增，并使用了一段时间之后，微信平台还提供页面模板供选择使用。单击页面左侧"功能/页面模版"命令，可以进入如图6-2-10所示的页面模板选择界面，选择某种模板后添加事先创建好的图文信息，然后以模板形式发布。

图6-2-10　选择页面模板置入图文消息

6. 自定义菜单

随着公众号中资源的增加，以适当的形式整理和展示，可以方便用户阅读和找到所需要的信息。公众号平台提供了自定义菜单的功能，可以方便地以菜单形式将资源分门别类地组织起来，方便用户查询。

在公众号管理界面左侧执行"功能/自定义菜单"命令，右侧可以看到如图6-2-11所示的相应界面。可以单击"+"按钮添加子菜单，也可以在选择菜单后，在右侧设置相关菜单内容、链接目标等，如设置菜单名称为"2018模拟"，用户单击该菜单后，会跳转到链接地址指定的页面。

图6-2-11　自定义菜单界面

7. 公众号的运营

如果想长久运营公众号，吸引更多的粉丝，应注意以下几点。

（1）内容的规划。

内容规划非常重要，最好能提前把后一段时间的推送都规划好。这样也会使公众号的文章内容连贯有序，而不是杂乱无章。

（2）内容表现形式要差异化。

要适当增加语音推送、视频推送等，长期枯燥的文字内容推送容易引起读者视觉疲劳而导致关注量减少。可以试着用语音或者视频的展现形式来组织内容，如果能做成互动游戏的形式则更好。如果根据内容规划可以采用分批推送的形式，内容一旦激发了用户探索答案的欲望，会让用户产生深入阅读的兴趣和冲动。

（3）注重互动。

调动粉丝的积极性，形成互动，比如在文中鼓励粉丝回复留言讨论，增加话题的争议性，直接发问求回答，等等，同时也要积极回复粉丝评论。偶尔策划一些活动也是与粉丝互动的常用手段。

（4）关注后台数据

关注后台用户阅读数量及订阅数量的变化程度，特别要关注异常数据，思考产生异常的原因，进而做出相应的改变，也是使订阅号稳定而增加吸引力的方法。

公众号刚创建时是比较艰难的阶段，只有少量的关注和阅读量，要去尝试各种推广渠道，让粉丝数量自然增长。运营好一个公众号，贵在坚持，要用心写文章，考虑读者的需求。

6.2.2　微信小程序

微信小程序是在微信中运行的小程序，2017年首次由腾讯提出，2018年逐渐进入公众的生活。同类别的还有支付宝小程序、百度小程序等。下文中的小程序泛指微信小程序。小程序是一种不需要下载和安装即可使用的应用，用户仅需扫一扫或者搜一下即可打开应用，不受硬件的限制，用户无需关心是否安装太多应用的问题。

对于开发者而言，小程序开发门槛相对较低，难度不及移动应用，一次开发即可在iOS和Android两个移动操作系统中使用，节约了开发成本。

小程序能够满足简单的基础应用，适合生活服务类线下商铺及非刚需低频应用的转换。小程序能够实现消息通知、线下扫码、公众号关联等七大功能。其中，通过微信公众号关联，用户可以实现公众号与小程序之间相互跳转，实现两者的关联。

微信小程序实质是Hyorid技术的应用。Hybrid App（混合模式移动应用）是指介于Web App和Native App之间的App，具有Native App良好用户交互体验的优势和Web App平台开发的优势。小程序不仅能够将图像视频、音频、文字等各种数字媒体集成到一个应用中，还可以更多地调用手机本身的功能，如位置信息、摄像头等。

通过微信小程序的官方网站（https://mp.weixin.qq.com/cgi-bin/wx），可以比较全面地了解如何开发微信小程序。图6-2-12所示为该网站主页内容。

图6-2-12　微信小程序官网

在开发微信小程序之前，需要先通过官网注册账号并登录，并从官网上下载和安装开发工具。

在前面所介绍的网页制作中，使用HTML+CSS，可以让用户看到集成了各种数字媒体元素的网页，如果结合Java Script，就可以使网页产生更多的交互。开发微信小程序类似于网页制作，主要技术为WXML+WXSS+JS，其中WXML相当于HTML5，用于将各种数字媒体元素集成起来；WXSS（weixin style sheet，微信样式表）相当于CSS，用于定义各种元素的位置、颜色等格式信息；JS则可以定义用户控制和交互。

WXML中提供了大量的用于处理多种数字媒体的组件，如图6-2-13所示。利用这些组件，可以方便地将存储在指定位置的媒体元素集成到一个微信小程序中展示出来。图6-2-14至图6-2-16所示为一个简单的集成了多种数字媒体元素的微信小程序代码，该程序运行后，可以通过画面上的按钮选择显示一张图片、观看一段视频，或者听一段音乐。

媒体组件

名称	功能说明
audio	音频
camera	系统相机
image	图片
live-player	实时音视频播放（v2.9.1 起支持同层渲染）
live-pusher	实时音视频录制（v2.9.1 起支持同层渲染）
video	视频（v2.4.0 起支持同层渲染）

图6-2-13　WXML中的各种数字媒体组件

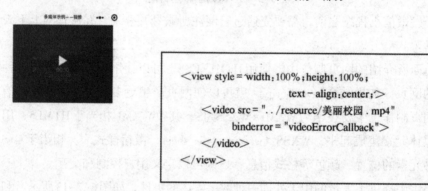

```
<view style = width:100%;height:100%;text - align:center;'
                                    class = "picture - 2">
  <image style = width:50%;' class = "infoImage"
        src = "../resource/三馆 3. jpg" mode = widthFix>
  </image>
</view>
```

图 6-2-14　图片展示及相关 WXML 代码的一部分

```
<view style = width:100%;height:100%;
                    text - align:center;'>
  <video src = "../resource/美丽校园 . mp4"
        binderror = "videoErrorCallback">
  </video>
</view>
```

图 6-2-15　视频展示及相关 WXML 代码的一部分

```
<view style = width:100%;height:100%;
                text - align:center;'>
  <audio
    src = "../resource/bjmusic. mp3" poster = "{{poster}}"
    name = "{{name}}" author = "{{author}}"
    src = "{{src}}" id = "myAudio" controls loop
    bindplay = "funplay"
    bindpause = "funpause"
    bindtimeupdate = "funtimeupdate"
    bindended = "funended" binderror = "funerror"></audio>
  <button type = "primary" bindtap = "audioPlay">
    播放</button>
  <button type = "primary" bindtap = "audioPause">
    暂停</button>
  <button type = "primary" bindtap = "audio14">
    设置当前播放时间为 14 秒</button>
  <button type = "primary" bindtap = "audioStart">
    回到开头</button>
</view>
```

图 6-2-16　音频展示及相关 WXML 代码的一部分

6.2.3 习题与实践

1. 简答题

（1）移动领域中，数字媒体有哪些用武之地？

（2）选择一款你比较喜欢的手机App，向同学们介绍其功能作用，以及数字媒体在这款App中所起的作用。

（3）说明微信公众号存在的社会意义有哪些。

（4）说明微信小程序与微信公众号的区别与联系。

2. 实践题

（1）分小组，选择主题，尝试制作和发布一个微信公众号。

（2）访问同学发布的微信公众号内容，并进行评论和交流。

6.3 数字媒体集成平台

互联网上有许多HTML5页面制作平台，例如iH5、秀米、MAKA等。通过这些平台，能够以类似制作PPT的方式可视化组合页面，还能套用模板、拖曳各种控件等进行创作。在制作完成后还可以生成链接或者二维码分享到微信、微博等社交平台。

6.3.1 使用iH5平台制作交互式跨平台H5网页

这里以使用iH5平台创作数字媒体集成网页为例，体验一下使用工具将各种数字媒体集成到网页中进行创作、发布和展示的过程。

1. iH5简介及制作准备

iH5是一款可视化设计工具，虽然看上去像前端HTML5的开发工具，但事实上是一款SaaS（软件即服务）产品，集成了前后端所需的强大功能。通过使用iH5制作各种营销场景、游戏、App、网站等，几乎不需要有任何代码基础，只需要学习iH5可视化在线编辑工具就可以完成Web及App前端和服务器后端的所有制作。

iH5是一个"云计算平台"，具有平台特性，可以根据用户的实际需求，动态分配计算、存储数据库、带宽资源，在保证数据安全性的同时，满足各种突发流量暴增的需求。

（1）注册账号。

使用iH5云平台进行在线创作之前，先要注册一个iH5账号。访问iH5官网（https://www.ih5.cn/not-logged-in），单击"注册"按钮，输入手机号、密码、个人昵称和接收到的短信验证码，完成注册。账户分个人用户和企业用户，建议学习者注册个人用户。

（2）登录和创建作品。

启动浏览器，在地址栏输入 https://www.ih5.cn/not-logged-in，进入 iH5 互动大师云平台官网首页。单击首页右上角的"登录"按钮进行登录，如图 6-3-1 所示。登录后，再单击官网右上角"+创建作品"按钮，出现"新建作品"对话框，选择版本为"新版工具"，单击"创建作品"按钮。此时会弹出对话框示意，通过 Demo（示例）进行研究，这里只需单击"关闭"按钮，直接进入 iH5 互动大师超级编辑器。

图6-3-1　登录界面

（3）iH5 云平台编辑器工作界面。

iH5 云平台编辑器工作界面主要由四个部分组成：工具栏、属性/事件面板、舞台和对象树。工具栏提供了创作 H5 的各种组件，分为素材类、容器类、动画时间类、数据库类、微信类、全景和 3D 类、直播类等。属性/事件面板用来设置组件的各种参数和对交互事件进行定义。舞台是创作和演示作品的场所。对象树展示了作品的整体结构和各种对象之间的层级关系。

典型的 iH5 云平台编辑器工作界面如图 6-3-2 所示。

图6-3-2　iH5 云平台编辑器工作界面

2. 作品构思与整体结构

例6-6：用iH5云平台编辑器设计"美丽中国"交互式H5作品。

作品由三个部分组成：第一部分"中国元素"占据前6个页面，向上滑动翻页。第二部分"美丽中国"占1页，以水平滑动的导览形式欣赏美景。第三部分"诗画中国"占1页，播放一段70 s短视频。作品整体结构如图6-3-3所示。

图6-3-3 作品整体结构

3. 作品设计

（1）舞台的设置。

在iH5互动大师超级编辑器中，单击对象树的根节点"舞台"，在舞台属性面板中设置舞台大小（W：640 px，H：1040 px）、舞台颜色（#4A0E17）、滑动翻页（"上"），其他属性默认。

（2）页面1的设计。

① 前6个页面是作品的第一部分（"中国元素"），页面中包含矩形框、标题和图片。选中对象树的根节点"舞台"，单击工具栏中的"页面"工具（如图6-3-3所示），对象树中"舞台"下方立即出现"页面1"对象。

② 选中"页面1"对象，使用工具栏中的"矩形"工具，在编辑器中央的舞台上绘制一个矩形，此时对象树中的"页面1"下方出现"矩形1"对象。

③ 选中对象树中"矩形1"对象，设置矩形属性：位置（X：90 px，Y：235 px）、宽高（W：462 px，H：524 px）、注册点（"左上"）、填充颜色（"无"，把颜色值删除即可）、边框颜色（#FFC2D2）、边框粗细（4 px，在边框颜色设置的右边）。

④ 重新选中对象树中"页面1"对象，单击编辑器上方菜单栏中的"小模块"，在下拉列表中选择"艺术字"类别的"文字效果1"组件，此时对象树中"页面1"下方出现"文字效果1-1"对象。选中"文字效果1-1"对象，设置其属性：位置（X：68 px，Y：55 px）、宽高（W：506 px，H：176 px）、字体大小（90 px）、颜色（# FFDC52）、文本内容（"中国元素"）。

⑤ 重新选中对象树中"页面1"对象，单击工具栏中的"图片"工具，在编辑器中央的舞台上拖曳出一个矩形区域，此时会自动弹出选择图片的对话框，选择配套资源中的"L6-1-1.png"，对象树中的"页面1"下方出现图片对象（图片对象的名称同图片文件的主名）。

⑥ 选中对象树中的图片对象，设置图片属性：位置（X：106 px，Y：251 px）、宽高（W：431 px，H：491 px，需断开W与H之间的链接）、注册点（"左上"），并为其添加菜单栏中的"动效/淡入"效果。

对象树中页面1的结构设计如图6-3-4所示。

图6-3-4 对象树中页面1的结构设计

（3）页面2至页面6的设计。

① 前6个页面的结构是完全相同的，在对象树中单击"页面1"对象，按组合键Ctrl+C进行复制，单击对象树的根节点"舞台"，按组合键Ctrl+V进行粘贴，此时对象树中"舞台"下方出现"页面2"对象。

② 单击对象树中"页面2"对象左侧的三角形，展开页面2的结构，双击其中的图片对象，在弹出的对话框中选择配套素材"L6-1-2.png"，实现图片的替换。

以此类推，完成页面3到页面6的设计。多个页面中图片为适应43/×49/的宽高导致比例失调，可事先用图像处理工具对素材进行处理，这样作品更美观。

（4）页面7的设计。

① 选中对象树的根节点"舞台"，单击"页面"工具创建"页面7"对象。

② 选中"页面7"对象，单击工具栏中的"中文字体"工具，在编辑器中央的舞台上拖曳出一个矩形区域，在弹出对话框输入文本内容"美丽中国"。

③ 选中对象树中的中文字体对象，设置属性：位置（X：166 px，Y：113 px）、宽高（W：326 px，H：74 px）、字体（方正黑体简体）、文字大小（40 px）、字体颜色（#FFECF4）、文本居中对齐，为其添加菜单栏中的"动效/中心淡入"效果。

④ 重新选中对象树中"页面7"对象，单击菜单栏中的"小模块"，在下拉列表中选择"图文展示"类别的"图文轮播4"组件，此时对象树中"页面7"下方出现"图文轮播4-1"对象。

⑤ 选中"图文轮播4-1"对象，设置属性：位置（X：0 px，Y：192 px）、宽高（W：640 px，H：676 px）。

⑥ 单击属性面板中的"编辑图文数据"按钮，弹出"编辑数据"对话框。在"第一列"栏目中删除原来的图片，并通过对话框下方的"+"按钮，依次加载配套资源"第6章/旅游胜地"文件夹中的图片。在"第二列"栏目中输入相应的风景名称，"第三列"中设置文字的背景色，如图6-3-5所示。关闭对话框完成轮播图文的设置。（原始图片可以事先统一处理成640 px×676 px大小后再插入，会更美观）

页面7的结构设计如图6-3-6所示。

图6-3-5　"编辑数据"对话框

图6-3-6　页面7的结构设计

（5）页面8的设计。

① 选中对象树的根节点"舞台"，单击"页面"工具创建"页面8"对象。

② 将页面1中的矩形对象复制到页面8中，并修改，设置属性：位置（X：8 px，Y：193 px）、宽高（W：586 px，H：452 px）。

③ 将页面7中的中文字体对象复制到页面8中，内容改为"诗画中国"。

④ 在页面8中添加视频对象，内容取自 "配套资源/第6章/诗画中国mp4"，设置视频属性：位置（X：46 px，Y：211 px）、宽高（W：552 px，H：418 px）、注册点（"左上"）、开启循环播放。

⑤ 在页面8中添加SVG形状（位于菜单栏中），选择"首页图形"。设置属性：位置（X：280 px，Y：690 px）、宽高（W：80 px，H：74 px）、填充颜色（#ECDBE2）。

页面8的结构设计如图6-3-7所示。

图6-3-7　页面8的结构设计

（6）添加背景音乐。

① 单击对象树的根节点"舞台"，添加音频对象。内容取自"配套资源第6章/寂静之音.mp3"，设置其自动播放和循环播放。

② 选中对象树中的音频对象"寂静之音.mp3"，单击菜单栏中的"小模块"，在下拉列表中选择"音乐控制"类别的"音乐控制6"组件，此时对象树中"寂静之音.mp3"下方出现"音乐控制6-1"对象。设置其属性：位置（X：0 px，Y：0 px）、宽高（W：100 px，H：100 px）。

（7）设置交互事件。

事件由四个要素构成：触发对象、触发条件、目标对象、目标动作。

① 设置音乐的启停事件。选中对象树中的"音乐控制6-1"对象（对应舞台左上角

的音符图标），单击对象树右侧的"事件" 按钮为其添加交互事件。触发对象就是"音乐控制6-1"这个对象，触发条件选择"点击"，目标对象选择"寂静之音.mp3"，目标动作选择"交替播放/暂停"，如图6-3-8所示。

图6-3-8　设置交互事件

② 设置返回首页事件。选择页面8的"返回首页"对象为触发对象，单击对象树右侧的"事件" 按钮，为其添加交互事件。触发条件选择"点击"，目标对象选择"舞台"，目标动作选择"跳转到页面"，并设置目标为页面1。在事件窗口中单击目标对象下面的"+"按钮，为"返回首页"对象继续添加第2个事件，目标对象选择"音乐控制6-1"，目标动作选择"播放"；为"返回首页"对象添加第3个事件，目标对象选择"音乐控制6-1"，目标动作选择"显示"；为"返回首页"对象添加第4个事件，目标对象选择"寂静之音.mp3"，目标动作选择"播放"。"返回首页"对象的四个事件如图6-3-9所示。

图6-3-9　设置返回首页

③ 为视频添加三个事件。选择页面8的"诗画中国.mp4"视频对象为触发对象，单击对象树右侧的"事件" 按钮，为其添加交互事件。触发条件选择"点击"，目标对象选择"诗画中国.mp4"，目标动作选择"交替播放/暂停"。为视频添加第2个事件，目标对象选择"寂静之音.mp3"，目标动作选择"暂停"。为视频添加第3个事件，目标对象选择"音乐控制6-1"，目标动作选择"隐藏"。视频的三个事件如图6-3-10所示。

图6-3-10　视频的三个事件

④ 为页面7添加三个事件。触发条件为"显示"。第1个事件中，目标对象为"音乐控制6-1"，目标动作为"播放"。第2个事件中，目标对象为"音乐控制6-1"，目标动作为"显示"。第3个事件中，目标对象为"寂静之音.mp3"，目标动作为"播放"。页面7的三个事件如图6-3-11所示。

图6-3-11 页面的三个事件

4. 作品的保存、发布与分享

（1）作品保存。

单击菜单栏中的"保存"按钮，将作品保存在云服务器中。

（2）作品发布与分享。

单击菜单栏中的"发布"（实名认证才能发布），在弹出的"发布作品"对话框中设置标题为"美丽中国"，介绍为"中国元素"，优化方式为"完美优化"。完成"发布"后，会弹出"分享二维码"对话框，同时提供作品的二维码和访问链接，可在手机端用微信扫码观看，十分方便。

6.3.2 数字媒体的跨平台发布

除了直接利用网上平台制作HTML5进行数字媒体集成之外，将传统文档转换成可以跨平台播放的集成媒体的平台和工具也层出不穷。

1. 包含数字媒体的跨平台立体文档

现在很多平台都可以在分享所存储的媒体时生成二维码，可以将这类二维码与以往普通的文档甚至纸质文档结合在一起，建立包含各种数字媒体的立体文档。

例如，可以使用百度网盘分享图像、视频、音频等数字媒体资源，网盘会自动产生二维码，如图6-3-12所示。可以将这样的二维码放置在传统的文档中，文档就具备了动态的效果。图6-3-13所示为一篇普通的文档，用手机微信扫描其中的二维码，可以看到对应的图像、视频，听到音频。

图6-3-12 百度网盘分享媒体时产生二维码

校园美景照片	校园美景视频	欢迎音频

图6-3-13 跨平台数字媒体文档案例

2. 跨平台的演示文稿

PowerPoint是办公软件中可用于集成多种数字媒体并进行展示的工具。传统的演示文稿仅能在电脑端进行播放，借助PP匠平台，可以将其转换成通过微信扫描后在手机播放的文档。

首先制作好一份图文并茂的、带视频、动画、音频等数字媒体的演示文稿文档，然后在浏览器地址栏输入http://ppj.io/访问PP匠平台，显示如图6-3-15所示的界面。单击"立即使用"按钮，进入登录界面。如果是第一次使用，则需要注册一下，输入自己的手机号码，设置自己的登录密码。

图6-3-14 PP匠平台主界面

登录之后，可以看到如图6-3-15所示的界面，单击"新建项目"按钮，可以显示如图6-3-16所示的界面。单击"选择上传"按钮后，可以从自己的设备上传准备好的演示文稿文件。上传过程中，系统以进度条进行提示。完成上传之后，会出现如图6-3-17所示的界面，提示正在转换格式。如果演示文稿的内容比较多，则转换时间比较长，需要耐心等待。

图6-3-15 登录之后的界面

图6-3-16 上传事先制作好的演示文稿文件

图6-3-17 格式转化界面

完成转换之后出现如图6-3-18所示的界面，可以添加相关设置项目，并保存。对于免费用户来说，只能享受7 h临时存储的待遇。扫描界面左边的二维码，可以在手机中观看演示文稿的放映内容。

图6-3-18 为上传的演示文稿添加设置和保存

6.3.3 习题与实践

1. 简答题

(1) 除了iH5之外，还有哪些数字媒体集成平台？

（2）请介绍一款本书中未提及的，你认为比较好用的数字媒体集成平台。

2. 实践题

（1）自选主题，利用iH5集成平台，发布一个你认为需要介绍的内容，如节气、中国传统文化等。

（2）使用PowerPoint制作一段小动画，然后利用PP匠进行发布和交流。

6.4　综合练习

一、单选题

1. 以下不属于HTML文档内容的是_____。

　　A. 带< >的标记　　　　　　　　　　B. 网页上显示的文字

　　C. 网页上的图片　　　　　　　　　　D. 图片属性（如大小）

2. 以下关于站点的叙述错误的是_____。

　　A. 站点创建之后只能存储文件

　　B. 站点对应着一个文件夹

　　C. 站点创建之后，可以在里面添加文件夹

　　D. 使用站点可以方便地管理各种数字媒体文件

3. 以下HTML标记中，只有单个标记的是_____。

　　A. <p>　　　　　B.
　　　　　C. <h1>　　　　　D. <table>

4. 以下代表表格单元格的标记是_____。

　　A. <tr>　　　　　B. <colspan>　　　　　C. <tb>　　　　　D. <tbody>

5. 在表格中合并同一列中的若干单元格后，以下属性数值变成1以上的是_____。

　　A. tr　　　　　B. tb　　　　　C. colspan　　　　　D. rowspan

6. 以下用于指定网页中多媒体元素实际存储位置的属性是_____。

　　A. href　　　　　B. rhef　　　　　C. rsc　　　　　D. src

7. 以下不属于微信公众号的类型是_____。

　　A. 服务号　　　　　B. 个人号　　　　　C. 企业微信　　　　　D. 订阅号

8. 以下关于微信小程序的说法中正确的是_____。

　　A. 微信小程序属于微信公众号

　　B. 微信小程序的制作一定要登录微信，并通过WXML代码实现

　　C. 微信小程序的开发技术是WXML+WXSS+JS

　　D. WXML相当于CSS

9. 以下不属于使用平台方式制作跨平台媒体的是_____。

    A. iH5　　　　　　　B. Dreamweaver　　　　　C. PP匠　　　　　　　D. MAKA

10. 以下不能直接生成二维码的是_____。

    A. Dreamweaver　　　　　　　　　　　　B. 百度网盘

    C. PP匠　　　　　　　　　　　　　　　　D. 微信小程序

二、填空题

1. 互联网上的网页是通过超文本标记语言，将文本和各种数字媒体集成在浏览器上的，该语言通常被简称为_____。

2. \<title>对标记会出现在\<_____>对标记内。

3. 网页中的图片是通过\<_____>标记的属性设置其链接的。

4. 在HTML5中引入了表示页脚的\<_____>标记。

5. 无论是微信公众号还是微信小程序，开发之前首先需要_____。

本章小结

参考文献

［1］ 张文俊. 数字媒体技术基础［M］. 上海：上海大学出版社，2007.

［2］ WONG Y L. 数字媒体基础教程［M］. 杨若瑜，唐杰，苏丰，译. 北京：机械工业出版社，2009.

［3］ 李绯，杜婧，李斌，等. 数字媒体技术与应用［M］. 北京：清华大学出版社，2012.

［4］ JENNIFER B. 数字媒体技术教程［M］. 王崇文，李志强，刘栋，等译. 北京：机械工业出版社，2015.